Aakriti Thakur

Avaliação de biodieseis de óleo de girassol e óleo de amendoim

Aakriti Thakur

Avaliação de biodieseis de óleo de girassol e óleo de amendoim

ScienciaScripts

Imprint
Any brand names and product names mentioned in this book are subject to trademark, brand or patent protection and are trademarks or registered trademarks of their respective holders. The use of brand names, product names, common names, trade names, product descriptions etc. even without a particular marking in this work is in no way to be construed to mean that such names may be regarded as unrestricted in respect of trademark and brand protection legislation and could thus be used by anyone.

Cover image: www.ingimage.com

This book is a translation from the original published under ISBN 978-620-2-07175-8.

Publisher:
Sciencia Scripts
is a trademark of
Dodo Books Indian Ocean Ltd. and OmniScriptum S.R.L publishing group

120 High Road, East Finchley, London, N2 9ED, United Kingdom
Str. Armeneasca 28/1, office 1, Chisinau MD-2012, Republic of Moldova, Europe
Printed at: see last page
ISBN: 978-620-8-27866-3

RESUMO

Os biodiesel estão a ganhar popularidade e a tornar-se mais atraentes recentemente devido aos seus benefícios ambientais e ao facto de serem produzidos a partir de recursos renováveis ou de resíduos. Existem quatro formas principais de produzir biodiesel: utilização direta e mistura, microemulsões, craqueamento térmico (pirólise) e transesterificação (utilizada para óleos vegetais e gordura animal). O processo de transesterificação é abordado neste projeto. Neste estudo, foram utilizadas diferentes proporções e misturas de óleo de girassol e óleo de amendoim, misturando as amostras de combustível obtidas com gasóleo de petróleo e os efeitos das proporções das misturas foram utilizados para determinar as propriedades físico-químicas do éster metílico. Foram preparadas misturas do biodiesel obtido, as propriedades do mesmo foram verificadas e estudadas para várias eficiências e parâmetros do motor diesel a 4 tempos. Os resultados são comparados com os resultados do gasóleo puro. Ao analisar os gráficos, observa-se que as caraterísticas de desempenho serão reduzidas com uma percentagem mais elevada de mistura de girassol e

No caso do óleo de amendoim, tal deve-se principalmente ao menor poder calorífico, à elevada viscosidade e ao atraso no processo de combustão. Conclui-se que os óleos de girassol e de amendoim podem ser utilizados como substitutos do gasóleo.

Este projeto tem como objetivo o fabrico de biodiesel a partir de óleo vegetal usado. Este estudo tem como objetivo definir os requisitos para a produção de biodiesel através do processo de esterificação, testar a sua qualidade através da determinação de alguns parâmetros como a densidade, a viscosidade cinemática, o elevado poder calorífico, o índice de cetano, o ponto de inflamação, o ponto de névoa e o ponto de fluidez e compará-los com o gasóleo, testar o desempenho do motor, testar as emissões do biodiesel e compará-las com as emissões do gasóleo, e as questões estratégicas a considerar para avaliar a sua viabilidade.

ÍNDICE

CAPÍTULO 1

INTRODUÇÃO

Durante os últimos anos, o consumo de energia aumentou muito devido à mudança no estilo de vida e ao crescimento significativo da população. Este aumento da procura de energia tem sido suprido pela utilização de recursos fósseis, o que provocou a crise do esgotamento dos combustíveis fósseis, o aumento do seu preço e os graves impactos ambientais como o aquecimento global, a acidificação, a desflorestação e a destruição da camada de ozono. Uma vez que os combustíveis fósseis são fontes de energia limitadas, esta procura crescente de energia levou a uma procura de fontes de energia alternativas que fossem economicamente eficientes, socialmente equitativas e ambientalmente corretas. Dois dos principais factores que contribuíram para este aumento da procura de energia foram os sectores dos transportes e da indústria de base, que são os maiores consumidores de energia.
Com o aumento do número de veículos a nível mundial e a crescente procura por parte das economias emergentes, a procura irá provavelmente aumentar ainda mais. A procura de combustíveis para transportes é tradicionalmente satisfeita pela procura de combustíveis fósseis. No entanto, os recursos destes combustíveis estão a esgotar-se, prevê-se que os preços dos combustíveis fósseis aumentem e a combustão de combustíveis fósseis tem efeitos prejudiciais para o clima.
Os biocombustíveis parecem ser uma solução para substituir os combustíveis fósseis porque os seus recursos não se esgotarão (uma vez que podem ser cultivados de novo), estão a tornar-se competitivos em termos de custos em relação aos combustíveis fósseis, parecem ser mais respeitadores do ambiente e são bastante acessíveis para distribuição e utilização, uma vez que as infra-estruturas e tecnologias aplicáveis existem e estão prontamente disponíveis. Os biocombustíveis parecem ser mais amigos do ambiente em comparação com os combustíveis fósseis, tendo em conta a emissão de gases com efeito de estufa quando consumidos. Exemplos desses gases são o dióxido de carbono (CO2), o metano (CH4) e o óxido nitroso (N2O).
O biodiesel é um combustível alternativo para motores a gasóleo que é produzido através da reação química de um óleo vegetal ou gordura animal com um álcool como o metanol. A reação requer um catalisador, normalmente uma base forte, como o hidróxido de sódio ou de potássio, e produz novos compostos químicos chamados ésteres metílicos. São estes ésteres que passaram a ser conhecidos como biodiesel.
Para ultrapassar os problemas de elevada viscosidade associados aos óleos vegetais puros (triglicéridos) como biocombustíveis, o óleo ou a gordura são triturados, misturados com solventes

de baixa viscosidade ou convertidos em ésteres metílicos. Estes combustíveis de ésteres metílicos já estão a ser produzidos comercialmente na Europa, sendo os óleos de colza e de girassol a principal matéria-prima, e, em certa medida, nos EUA, sendo o óleo de soja a principal matéria-prima. Na Índia, algumas empresas como a Naturol (Kakinada, A.P., Índia) e a Southern on line (Hyderabad, A.P., Índia) estão a utilizar óleo de palma e óleo de peixe, respetivamente, para a produção de biodiesel. As forças motrizes por detrás da procura de combustíveis biodiesel nos Estados Unidos e na Europa são principalmente preocupações ambientais. Os combustíveis biodiesel à base de óleos vegetais e gorduras animais, sob a forma de ésteres metílicos, apresentam as seguintes vantagens e desvantagens em relação ao combustível para motores diesel.

Vantagens:

Como combustível puro ou em misturas com gasóleo, produzem menos fumo e partículas.

1. Têm números de cetano mais elevados.
2. Produzir menos emissões de monóxido de carbono e de hidrocarbonetos.
3. São biodegradáveis e não tóxicos.
4. Proporcionam lubrificação do motor em comparação com os combustíveis diesel com baixo teor de enxofre.

Desvantagens:

1. Baixa volatilidade.
2. Pontos de fluidez elevados, pontos de turvação e obstrução de filtros a frio.
3. Emissões de NOx mais elevadas a temperaturas elevadas.
4. Combustão incompleta.

Foi efectuada uma pesquisa bibliográfica detalhada que inclui o estudo de diferentes óleos comestíveis e não comestíveis, as suas propriedades e a sua adequação como combustível para motores de combustão interna.

Tabela 1: Propriedades do gasóleo

Properties	Values
Density at 20°C, Kg/m^3	837
Cetane number	50
Lower Calorific Value, MJ/Kg	43
Kinematic viscosity at 40°C, mm2/s	2.6
Boiling point	180-360
Latent heat of evaporation, kJ/Kg	250
Oxygen, % wt	0
Stoichiometric air-fuel ratio	15
Molecular weight	170

No presente estudo, o óleo de girassol, um óleo vegetal de tipo comestível, é escolhido como uma alternativa potencial para a produção de biodiesel e a sua utilização como combustível em motores de ignição por compressão. O seu nome técnico é helianthus annuus. A viscosidade do óleo de girassol bruto é muito maior, cerca de 15 vezes superior à do óleo diesel. Torna-se muito próximo do gasóleo quando é transesterificado. A composição em ácidos gordos do óleo contém principalmente ácidos oleico (44,05%), linoleico (10,72%), palmítico (38,60%) e esteárico (4,65%).

O girassol é uma semente com elevado teor de óleo e os rendimentos médios podem produzir 600 libras de óleo por acre, consideravelmente mais do que a soja. Há um grande interesse das áreas locais pela construção de pequenas instalações de processamento para a produção de biodiesel de girassol. É muito importante que o equipamento de processamento seja estudado com muita prudência para pequenas instalações apenas de "prensagem". Na maioria dos casos, uma grande parte do óleo é deixada na farinha de subprodutos, diminuindo assim a eficiência económica.

1.1 CONVERSÃO QUÍMICA

Os óleos vegetais são geralmente designados por tri-glicéridos. Estes glicéridos são cadeias longas de ácidos gordos. A composição dos ácidos gordos deve ser assegurada antes da conversão. A quantidade de ácidos gordos afecta a qualidade do óleo, uma vez que uma cadeia mais longa de ácidos gordos torna o óleo mais viscoso. O teste FFA (Free Fatty Acid test) determina a composição titulando o óleo com uma base de normalidade conhecida. Inicialmente, o teste dos ácidos gordos livres é efectuado com 10 g de óleo, 50 ml de álcool isopropílico e 2 a 3 gotas de NaOH 0,1 N, que é um catalisador básico, adicionados a um erlenmeyer que é então aquecido a 60 °C, agitando a mistura e deixando-a arrefecer até à temperatura ambiente. Em seguida, adicionar 2 a 3 gotas de indicador de fenolftaleína à mistura para acelerar a reação. Titular a mistura com NaOH 0,1N através de uma bureta até ao aparecimento de uma cor rosa ténue. Anotar o volume de NaOH consumido na bureta e calcular o AGL utilizando a fórmula AGL (%) = 0,282V Se a quantidade de AGL for inferior a 4%, é preferível o processo de transesterificação de fase única e se a quantidade de AGL for superior a 4%, é preferível a fase dupla.

1.2 . PROCESSO DE CONVERSÃO

A transesterificação é o processo utilizado para a preparação de biodiesel utilizando óleos vegetais.

O biodiesel é um éster monoalquílico de ácidos gordos de cadeia longa derivado de óleos vegetais. É quimicamente designado por éster alquílico de ácido gordo livre. Apesar de "diesel" fazer parte do seu nome, o biodiesel não contém petróleo ou outros combustíveis fósseis. O biodiesel refere-se ao combustível puro antes de ser misturado com o gasóleo. A reação é a seguinte.

$$\begin{array}{lcccc} H_2C-OCOR' & & & ROCOR' & H_2C-OH \\ | & & & + & | \\ H_2C-OCOR'' & + \; 3ROH & \xrightleftharpoons{Catalyst} & ROCOR'' & + \; HC-OH \\ | & & & + & | \\ H_2C-OCOR''' & & & ROCOR''' & H_2C-OH \\ \text{Triglyceride} & \text{Alcohol} & & \text{Alkylester} & \text{Glycerol} \end{array}$$

O biodiesel é um combustível de substituição para motores de combustão interna de ignição por compressão. É produzido pela transesterificação de resíduos ou óleos vegetais e óleos animais, ou gorduras com álcoois inferiores. O biodiesel é um combustível de combustão limpa produzido a partir de óleos vegetais. O biodiesel é composto por quase 10% de oxigénio, o que o torna um combustível naturalmente "oxigenado". É obtido por reação de óleo vegetal com álcool na presença de um catalisador.

CAPÍTULO 2

REVISÃO DA LITERATURA

O inventor do motor a gasóleo, Rudolf Diesel [1], utilizou óleo de amendoim como combustível para motores a gasóleo para demonstração na Exposição Mundial de 1900 em Paris. Louis, Missouri, em 1912, Diesel afirmou que "a utilização de óleos vegetais como combustível para motores pode parecer insignificante hoje em dia, mas esses óleos podem tornar-se, com o tempo, tão importantes como o petróleo e os produtos de alcatrão de carvão dos tempos actuais.

Backer et al [2] descreve um novo tipo de extrator de óleo de girassol para extrair óleo de girassol para ser utilizado em motores diesel como combustível. Realizaram experiências para determinar a filtrabilidade do óleo de girassol desparafinado a várias temperaturas, pressões e percentagem de gasóleo em

Misturas

Silvio et al [3] realizaram testes com 100% de óleo de palma num gerador diesel de 70 kW a quatro tempos de injeção direta. Os resultados provaram que um grupo diesel-gerador pode ser adaptado para funcionar com óleo de palma. Ao aumentar a temperatura do óleo de palma, o desempenho e a resistência do gerador a gasóleo aumentam em comparação com o funcionamento em condições ambientais. Os depósitos na cabeça do cilindro apresentaram níveis elevados quando o motor funcionou com óleo de palma aquecido a 50°C e níveis aceitáveis quando aquecido a 100°C (quase semelhante ao funcionamento com óleo diesel).

são necessárias modificações no motor para melhorar a degradação do óleo lubrificante, o desempenho, as emissões e alcançar uma combustão mais eficiente.

A ABEBE concentrou-se no desenvolvimento de catalisadores heterogéneos para a produção de biodiesel a partir de óleo de Jatropha curcas (JCO) com elevado teor de ácidos gordos livres (FFA). Foram preparados e testados catalisadores de base sólida e ácidos para a transesterificação num reator descontínuo em condições de reação moderadas. Foram também testadas misturas de catalisadores de base sólida e ácidos para a esterificação e transesterificação simultâneas numa única fase. Verificou-se que a formação de sabão é o principal problema para os catalisadores de óxido de cálcio (CaO) e de óxido de cálcio dopado com lítio (LieCaO) durante a reação do óleo de pinhão-manso e metanol do que para o óleo de colza (RSO). O CaO com dopagem com Li mostrou uma maior conversão em biodiesel do que o CaO puro como catalisador. Os catalisadores La2O3/ZnO, La2O3/Al2O3 e La0.1Ca0.9MnO3 também foram testados e, entre eles, o La2O3eZnO mostrou maior atividade. Verificou-se que a mistura de catalisadores de base sólida (CaO e LieCaO) e de catalisador ácido sólido (Fe2(SO4)3) permite uma conversão completa em biodiesel num processo simultâneo de esterificação e transesterificação numa única etapa.

Mariusz et al. [4] efectuaram experiências com óleo de girassol e recomendaram a incorporação de um pré-aquecedor de combustível duplo para melhorar a durabilidade dos motores diesel. A durabilidade do motor aumentou através da prevenção do funcionamento do motor em condições de baixa carga e baixa velocidade, da redução do tempo de exposição do sistema de injeção de combustível a temperaturas muito elevadas durante o processo de transição de cargas elevadas para cargas leves e da eliminação da injeção de óleo durante o período de paragem.

Barsic et al. [5] realizaram experiências utilizando 100% de óleo de girassol, 100% de óleo de amendoim, 50% de óleo de girassol com gasóleo e 50% de óleo de amendoim com gasóleo. Foi apresentada uma comparação do desempenho do motor. Os resultados mostraram que houve um aumento da potência e das emissões.

Noutro estudo, Rosa et al. [6] utilizaram óleo de girassol para fazer funcionar o motor e verificaram que teve um bom desempenho. Zeiejerdki et al. [7] utilizaram misturas de óleo de girassol com gasóleo e de óleo de cártamo com gasóleo para as suas experiências. Ele demonstrou o procedimento de regressão de mínimos quadrados para analisar o efeito a longo prazo do combustível alternativo e o desempenho do motor I.C. Mushatq [8] utilizou um extrator de óleo elétrico para a extração de petróleo bruto. O processo de transesterificação catalisado por base é aplicado para obter um rendimento ótimo (80%) de biodiesel. As propriedades do combustível do biodiesel de óleo de girassol foram comparadas com as da American Society for Testing and Materials (ASTM). A eficiência do motor de biodiesel com referência à potência, eficiência e consumo de misturas de biodiesel (B100, B20 e B5) foi determinada. Concluiu-se que o óleo de girassol é uma das opções para a produção de biodiesel em grande escala, dependendo do seu cultivo em massa.

Christopher et al. [9] efectuaram dois ensaios em Chicago utilizando o biodiesel como combustível alternativo para autocarros em serviço. Tratou-se de uma investigação exploratória para determinar o efeito do combustível nas caraterísticas de desempenho do motor e na infraestrutura necessária para utilizar este combustível. Os ensaios provaram que o biodiesel podia ser utilizado como um combustível alternativo viável. Montagu [9] realizou experiências utilizando óleo de colza em motores diesel. A introdução de 5% de RME levou a uma redução da eficiência volumétrica de cerca de 0,4%. Foi relatado que, mesmo após 71.50.000 km percorridos pelos veículos, não foi observado nenhum envelhecimento anormal. Foi detectado um aumento dos NOx e uma diminuição dos HC. Czerwinski [10] preparou uma emulsão de 53% de óleo de girassol, 13,3% de etanol e 33,4% de butonal. Esta emulsão tinha uma viscosidade de 6,3 centistokes a 40 vC e um índice de cetano de 25. Foram observadas viscosidades mais baixas e melhores padrões de pulverização com um aumento da percentagem de butanol.

Mariusz et al. [11] efectuaram experiências com óleo de girassol e recomendaram a incorporação de um pré-aquecedor de combustível duplo para melhorar a durabilidade dos motores diesel. A durabilidade do motor aumentou através da prevenção do funcionamento do motor em condições de baixa carga e baixa velocidade, da redução do tempo de exposição do sistema de injeção de combustível a temperaturas muito elevadas durante o processo de transição de cargas elevadas para cargas leves e da eliminação da injeção de óleo durante o período de paragem. Samaga utilizou um motor monocilíndrico de duplo combustível arrefecido a água com óleo de girassol e óleo de amendoim. As caraterísticas de desempenho obtidas são comparáveis às do gasóleo. Sugeriu algumas soluções para os problemas práticos encontrados no funcionamento com duplo combustível dos motores de combustão interna. É necessária uma limpeza periódica da ponta do bico para garantir caraterísticas de pulverização adequadas. O arranque e a paragem com gasóleo enquanto se trabalha com óleo vegetal elimina o entupimento do filtro. O biodiesel produzido a partir de óleo vegetal tem um teor mais elevado de ácidos gordos insaturados e o biodiesel produzido a partir de gorduras animais tem um teor mais elevado de ácidos gordos saturados.

Freedman et al. [12] apresentaram os resultados de um estudo paramétrico das variáveis da reação de transesterificação que incluíam a temperatura, a razão molar entre o álcool e o óleo, o tipo de catalisador e o grau de refinamento do óleo. Observaram que a reação se completava em 1 h a 60 8C, mas demorava 4 h a 32 8C.

Dipak Virkar[13] apresentou um trabalho de investigação sobre o biodiesel para determinar as taxas de compressão óptimas, a mistura com melhor desempenho e a temperatura dos gases de escape mais baixa em diferentes misturas de óleo de laxmitaru no motor C.I.. Neste projeto, foram realizados ensaios com o gasóleo e a mistura de óleo de Laxmitaru em

proporção 10, 20, 30,40,50,70 e 100%. Os desempenhos do motor foram ensaiados num motor diesel de taxa de compressão variável (VCR) de acordo com a norma ASTM. Os parâmetros de desempenho foram ensaiados, como o consumo específico de combustível no travão, a potência no travão, a eficiência térmica no travão a diferentes cargas e a uma taxa de compressão variável.

Delmer e Leroy [14] discutem os aspectos económicos da transformação do óleo de girassol para ser utilizado como combustível em motores diesel. Dunn e Wasan [15] explicam os óleos de pinhão-manso, soja, amendoim e rícino como substitutos do combustível para motores diesel na Tailândia e também discutem o aspeto económico destes óleos vegetais.

Goering et al. [16] estudaram as propriedades de diferentes óleos vegetais e combustíveis híbridos modificados para aplicações automóveis e referiram que os óleos vegetais têm números de cetano aceitáveis (35-45), elevada viscosidade (50 cSt), elevado resíduo de carbono, pontos de inflamação elevados (220-285° C) e pontos de fluidez (-6 a -12 °C) e valor de aquecimento apreciável (88-94% do gasóleo), baixo teor de enxofre (<0,02% em peso) e contêm impurezas gomosas.

Bhanodaya Reddy et al. [17] utilizaram óleo de pongâmia e suas misturas num motor diesel para avaliar a melhor mistura e a pressão óptima de injeção de combustível. Os resultados dos ensaios com misturas de 20% de óleo de pongâmia e 80% de gasóleo a 200 bar de pressão de injeção de combustível foram bastante encorajadores.

Chan et al. [18] explica a relação entre o ruído mecânico induzido pela combustão e o índice de cetano. No caso dos óleos vegetais, a correlação entre o ruído de combustão e o índice de cetano não é boa. Durante o funcionamento do motor com óleos vegetais, observou-se uma redução dos níveis de ruído de 2 dBA (uma norma para a medição do ruído que tem em consideração a sensibilidade do ouvido humano a determinadas frequências) e um aumento dos níveis de ruído de 1 a 5 dBA no caso dos biodieseis.

Wibulswas et al. [19] realizaram estudos de combustão de gotículas através de uma teoria de transferência de massa convectiva utilizando óleo de palma, óleo de soja e óleo de farelo de arroz com combustível diesel para medir os níveis de emissão de monóxido de carbono do motor através de métodos de previsão e experimentais. Verificou-se também que 5-10% do óleo vegetal misturado no gasóleo reduziu as emissões excessivas de monóxido de carbono.

Coni et al. [20] desenvolveram um método experimental e analítico para estudar a oxidabilidade do azeite extra-virgem, do azeite, do óleo de girassol, do óleo de soja, do óleo de milho, do óleo de amendoim, do óleo de colza, do óleo de grainha de uva, do óleo de avelã, do óleo de arroz e de quatro tipos diferentes de óleos para fritar, utilizando a análise termogravimétrica (TGA).

Humke e Barsic [21] realizaram experiências com óleo de girassol bruto, óleo de ervilha, óleo de soja degomado e 50% dos óleos acima referidos com gasóleo como mistura, respetivamente. Foram observados depósitos de carbono no injetor de combustível, fugas na bomba de injeção de combustível e um maior consumo de combustível no funcionamento com óleo vegetal bruto. A eficiência térmica foi 1 a 2% inferior em comparação com o funcionamento com gasóleo. Foram registadas emissões de NOx, CO e HC 1 a 2% inferiores e emissões de partículas 1 a 2% superiores com o funcionamento com óleo vegetal.

Eduardo et al. [22] avaliaram o binário dos motores diesel utilizando a medição do consumo de combustível, a medição da temperatura dos gases de escape e a medição da posição da alavanca de controlo do regulador do motor e consideram que a medição da posição do regulador é a mais adequada para determinar o binário de um motor diesel.

Strayer et al. [23] realizaram experiências utilizando óleo de canola e óleo de colza com elevado teor de erúcico como combustíveis de ensaio num motor diesel Petter de dois cilindros e num motor de trator John Deere de 6 cilindros. Com o óleo de canola, não foram observados problemas de arranque, níveis reduzidos de ruído de combustão, emissões reduzidas de partículas e um consumo de combustível 6% mais elevado.

Robert et al. [24] efectuaram experiências com um motor diesel que utiliza óleo de soja obtido por craqueamento térmico. Os resultados experimentais revelaram que o óleo de soja craqueado termicamente produziu baixas emissões de NOx e menor potência em comparação com o funcionamento com gasóleo.

Machacon Herchel T.C et al. [25] avaliaram as caraterísticas de desempenho e de emissões de misturas de gasóleo com óleo de coco sem quaisquer modificações do motor. O aumento da percentagem de óleo de coco no combustível para motores diesel resultou num aumento do consumo específico de combustível no travão e numa diminuição da pressão efectiva média no travão. Foram observados níveis mais baixos de fumo e de NOx com o funcionamento da mistura de óleo de coco em comparação com o funcionamento com gasóleo.

Yusuf Ali e Hanna [26] analisam a adequação dos óleos vegetais e das gorduras animais como combustível para motores diesel. São discutidas as propriedades do biodiesel produzido por vários métodos, como a transesterificação, a pirólise, a diluição e a microemulsão. O processo de esterificação é dispendioso e, para reduzir o custo do biodiesel, as capacidades da fábrica devem ser aumentadas.

Knothe[27] discute de forma elaborada os métodos analíticos utilizados na produção de bio-diesel a partir de óleo vegetal, gorduras animais ou óleos vegetais usados (resíduos) e a avaliação da qualidade do combustível para uma comercialização bem sucedida do bio-diesel. Os métodos adoptados para determinar a qualidade do biodiesel, como a cromatografia gasosa (GC), a cromatografia líquida de alta eficiência (HPLC), a ressonância magnética nuclear (NMR), a viscosimetria e os métodos enzimáticos, são bem explicados. O autor refere a necessidade de determinar os níveis de mistura do bio-diesel com o gasóleo convencional.

Klopfenstein e walker[28] testaram os ácidos láurico, mirístico, palmítico, esteárico, linoleico e linolénico, os ésteres etílico e butílico do ácido oleico como combustíveis num motor diesel. Os resultados dos ensaios sugerem que um óleo vegetal com elevado teor de ácido oleico ou de ácido saturado de cadeia curta sujeito a transesterificação produz um melhor combustível para ser utilizado como substituto do gasóleo em motores diesel.

Fangrui e Milford [29] analisaram a produção de biodiesel e afirmam que o custo é o principal obstáculo à comercialização do biodiesel. A pirólise produz mais biogasolina do que biodiesel. A razão molar comummente aceite de álcool para glicéridos é de 6:1. O custo das matérias-primas representa 60 a 75% do custo total do biodiesel.

Hamasaki et al. [30] efectuaram experiências com ésteres metílicos de óleos vegetais usados e emulsões de ésteres metílicos de óleos vegetais usados com água. O éster metílico de resíduos com emulsões de 15% de água reduziu 18% das emissões de NOx e melhorou as caraterísticas de combustão.

Yasufumi Yoshimoto e Hiroya Tamaki [31] observaram um aumento de 4% no consumo específico de energia na travagem e uma redução das emissões de NOx com a recirculação dos gases de escape, utilizando biodiesel emulsionado com água e misturas de gasóleo.

Masjuki et al. [32] adicionaram ésteres metílicos de óleo de palma como aditivo lubrificante num pequeno motor diesel para avaliar as caraterísticas de lubrificação do óleo SAE 40. A adição de ésteres metílicos de óleo de palma ao óleo SAE 40 melhora as caraterísticas anti-desgaste do óleo lubrificante. Masjuki et al. [33] utilizaram ésteres metílicos de óleo de palma pré-aquecidos num motor diesel e observaram um desempenho semelhante ao do diesel e uma redução das emissões de escape com o pré-aquecimento dos ésteres metílicos de óleo de palma a 100 °C.

Duran et al. [34] estudaram o impacto da estrutura química do biodiesel, especialmente a composição de ácidos gordos na formação de partículas, na retenção de hidrocarbonetos pela fuligem devido ao efeito de depuração e aos processos de absorção. As emissões específicas de partículas diesel (DPM) em miligramas (mg) têm sido tradicionalmente calculadas a partir da adição da opacidade do fumo e dos hidrocarbonetos totais (THC).

Vara Prasad C.M [35] efectuou experiências com bio-diesel derivado da Jatropha. Os resultados dos ensaios revelaram que o biodiesel a 100% pode ser utilizado de forma satisfatória, produzindo menos emissões de NOx e maiores emissões de fumo.

Mushtaq Ahmad [36] limitou-se à produção e caraterização físico-química do biodiesel de óleo de amendoim (POB). Foi obtida uma conversão óptima de POB a partir de triglicéridos (TD) utilizando uma razão molar de 1:6 (metanol: óleo) a 60oC. As propriedades do combustível POB foram determinadas e comparadas com as da norma ASTM (American Standard Testing Material). A viscosidade cinemática a 40oC (eta) do POB (100%) foi de 5,908, a gravidade específica de 0,918, a densidade a 40oC (Rho) de 0,0992, o ponto de inflamação (FP) de 192, o ponto de fluidez (PP) de

3oC, o ponto de turvação (CP) de 6oC e o teor de enxofre de 0,0087. O desempenho do motor utilizando POB em termos de consumo, eficiência e potência foi bastante comparável ao do petro-diesel (PD). Conclui-se que os factores mais importantes que afectam o rendimento dos ésteres metílicos de ácidos gordos (FAME) durante a transesterificação são a razão molar entre o metanol e o óleo e a temperatura de reação. Foi realizada uma investigação experimental comparativa para avaliar o desempenho e as emissões de escape de um motor de trator agrícola quando abastecido com óleo de girassol, óleo de colza e óleo de semente de algodão e as suas misturas com gasóleo (20/80, 40/60 e 70/30 volumetricamente). Foram também efectuados ensaios com gasóleo para servir de referência. A potência do motor, o binário, o BSFC, a eficiência térmica, os NOx e o CO2 foram registados para cada combustível testado. Todos os óleos vegetais resultaram num funcionamento normal sem problemas durante as experiências de curto prazo. As misturas 20/80 mostraram resultados instáveis, em comparação com os combustíveis com maior teor de óleo. A potência, o binário e o BSFC foram mais elevados à medida que o teor de óleo aumentou no combustível. Os combustíveis à base de óleo de colza apresentaram maior potência, binário e eficiência térmica, com uma BSFC simultaneamente mais baixa, em comparação com os outros dois óleos vegetais. Os combustíveis à base de óleo de semente de algodão apresentaram um melhor desempenho do motor do que os combustíveis à base de óleo de girassol. Em todos os tipos de óleo, as emissões de NOx aumentaram quando a percentagem de óleo combustível foi aumentada. Os combustíveis de óleo de semente de algodão conduziram a um maior aumento das emissões de NOx em comparação com os combustíveis de óleo de colza. As emissões de CO2 mostraram uma tendência para aumentar com o aumento do teor de óleo. As emissões de CO2 mais elevadas foram registadas pelos combustíveis à base de óleo de algodão, seguidos pelos óleos de colza e de girassol.

Jacobus et al.[37]realizaram ensaios com quatro óleos vegetais, nomeadamente girassol, sementes de algodão, óleo de soja e óleo de amendoim, misturados com gasóleo. Compararam o desempenho do motor e as caraterísticas das emissões e referiram que todos os óleos apresentavam caraterísticas quase semelhantes.

Swarup Kumar Nayak et al. [38] realizaram uma experiência com um motor diesel a uma velocidade constante, ou seja, a 1500 rpm, em condições de carga variáveis, com diferentes proporções de mistura de biodiesel de Mahua. Tratou-se de uma investigação de sondagem para determinar o efeito do combustível nos parâmetros de desempenho do motor e na estrutura necessária para utilizar este combustível.

Saswat Rath et al. [39] efectuaram medições em várias condições de velocidade e carga e verificaram vários parâmetros, como a potência de travagem, a eficiência térmica da travagem, o consumo específico de combustível da travagem e a temperatura dos gases de escape. Utilizaram vários rácios de misturas como B-0, B-10, B-20 e B-100. B representa o biodiesel de karanja e 10 e 20 representam a percentagem das misturas de biodiesel.

Stewart et al.[40] Os óleos vegetais incluem óleo de soja, óleo de semente de algodão, óleo de girassol, óleo de colza, óleo de palma, óleo de linhaça, óleo de jatropha, óleo de neem e óleo de mahua. Foram identificadas mais de 350 culturas oleaginosas cujo índice de cetano e poder calorífico são comparáveis aos do gasóleo e compatíveis com o sistema de combustível dos veículos materiais. O óleo vegetal é de especial interesse porque demonstrou reduzir significativamente as emissões de partículas em relação ao gasóleo de petróleo.

Philip D. Hill et al.[41] avaliaram e integraram os atributos biológicos, químicos e genéticos da planta e descreveram as diferentes sementes oleaginosas arbóreas na Índia Syed Khaleel Ahmed et al.[42] investigaram três vias básicas para a produção de biodiesel a partir de óleos e gorduras: (1) transesterificação do óleo catalisada por bases; (2) transesterificação direta do óleo catalisada por ácidos; (3) conversão do óleo nos seus ácidos gordos e depois em biodiesel.

J. San Jose et al.[43] Analisam a combustão e as emissões do queimador mecânico de caldeira acionado por pressão utilizando óleo não comestível e misturado com gasóleo produzido a partir de girassol. Utilizou-se uma vasta gama de misturas volumétricas de 10% de biodiesel de girassol e 90% de gasóleo, 20% de biodiesel de girassol e 80% de gasóleo, 30% de biodiesel de girassol e 70% de gasóleo para medir o desempenho da caldeira com um queimador de aquecimento convencional. Os autores referiram que a eficiência da combustão foi a mais elevada de todos os combustíveis testados. Todas as misturas mostraram maior eficiência de combustão do que o gasóleo mineral. Atribuíram este aumento da eficiência da combustão ao facto de a composição do biodiesel conter moléculas de oxigénio que melhoram a eficiência da combustão. A eficiência de combustão das misturas de 10% de biodiesel de girassol e 90% de gasóleo, 20% de biodiesel de girassol e 80% de gasóleo são quase muito próximas da eficiência de combustão do gasóleo. A eficiência de combustão é 2 % mais elevada para a mistura de 20% de biodiesel de girassol e 80% de gasóleo do que para o gasóleo puro. Atribuíram este facto à presença de uma maior quantidade de oxigénio nos respectivos combustíveis, o que pode ter resultado numa melhor combustão em comparação com o gasóleo puro.

Afshin Ghorbani et al.[44] investigaram o desempenho da combustão e as emissões de uma caldeira experimental, de eixo horizontal, encamisada, funcionando com gasóleo, misturas volumétricas de 5% de biodiesel de girassol e 95% de gasóleo, 10% de biodiesel de girassol e 90% de gasóleo, 20% de biodiesel de girassol e 80% de gasóleo, 50% de biodiesel de girassol e 50% de gasóleo, 80% de biodiesel de girassol e 20% de gasóleo. Observaram que a eficiência de combustão de 20% de biodiesel de girassol e 80% de gasóleo é muito próxima da eficiência de combustão do gasóleo puro. A eficiência de combustão de 20% de biodiesel de girassol e 80% de gasóleo é 5 % superior à eficiência de combustão do gasóleo puro.

Bahamin Bazooyar et al.[45] avaliaram o desempenho e as caraterísticas das emissões de veículos semi

Caldeira industrial que utiliza gasóleo, 20% de biodiesel de girassol e 80% de gasóleo são utilizados para o desempenho

medição da caldeira com eixo horizontal, tipo jato de pressão, camisa de aço inoxidável. Observaram que a eficiência de combustão do B20 é muito próxima da eficiência de combustão do gasóleo puro. A eficiência de combustão do B20 é 4,5 % superior à eficiência de combustão do gasóleo puro devido ao maior teor de oxigénio. Nguyen et al. [46] estudaram a extração de óleo de amendoim utilizando microemulsões micelares inversas à base de gasóleo. O seu produto é uma mistura de óleo de amendoim e gasóleo que foi testada em termos de fração de óleo de amendoim, viscosidade, ponto de turvação e ponto de fluidez, todos eles cumprindo os requisitos para o bio-diesel. Moser [47], por outro lado, preparou ésteres metílicos a partir de óleo de amendoim de alto teor oleico utilizando metóxido de sódio catalítico e obteve um rendimento de 92% de ésteres metílicos de amendoim, que apresentaram uma excelente estabilidade oxidativa, mas fracas propriedades de fluxo a frio. Um estudo de Kaya et al. [48] mostrou uma conversão de éster de 89% através da transesterificação catalisada por hidróxido de sódio de óleo extraído por solvente de amendoins cultivados na Turquia. O biodiesel obtido tem uma viscosidade próxima do petrodiesel, mas tem um valor calorífico 6% inferior ao do petrodiesel. As propriedades importantes do combustível, como a densidade, o ponto de inflamação, o número de cetano, o ponto de fluidez e o ponto de frio, estão dentro das normas estabelecidas.

M.G. Bannikov [49] estudou os ésteres metílicos de mostarda (mais biodiesel) e os combustíveis diesel normais que foram testados em motores diesel de injeção direta. A análise dos dados experimentais foi apoiada por uma análise das caraterísticas de injeção e combustão do combustível. O motor alimentado com biodiesel aumentou o consumo específico de combustível nos travões, reduziu as emissões de óxidos de azoto e a opacidade dos fumos, aumentou moderadamente as emissões de monóxido de carbono e manteve essencialmente inalteradas as emissões de hidrocarbonetos não queimados. C.Solaimuthu, D.Senthil kumar [50] estudaram o desempenho do motor diesel, a combustão e as caraterísticas das emissões do biodiesel de mahua (éster metílico do óleo de mahua) e as suas misturas em diferentes proporções volumétricas com o diesel. Verificaram que a eficiência térmica do travão é quase a mesma e que o consumo de combustível é menor, mostrando também que as emissões de NOX e HC são reduzidas.

Lebedevas S et al[51] realizaram uma investigação sobre a alteração dos parâmetros relativos à economia de combustível, ao impulso e aos componentes nocivos dos gases de escape para avaliar a eficiência da substituição de combustível; ou seja, o combustível diesel mineral, que é normalmente utilizado por frotas de motores diesel de máquinas agrícolas na Lituânia, foi substituído por biocombustível (biodiesel), que é o éster metílico do óleo de colza (RME) e a investigação foi feita num modelo de motor diesel F2L511 e numa secção única do motor diesel A41. Foram testadas misturas de combustível diesel mineral e biodiesel de RME e RME puro como B10, B15, B30, B100. Foi determinada uma alteração não linear das caraterísticas operacionais em função das cargas do motor diesel.

Ozkan M[52] efectuou um estudo comparativo do efeito do biodiesel e do gasóleo num motor IDI CI de quatro cilindros, quatro tempos e turboalimentado. O motor foi operado com as mesmas configurações para ambos os tipos de combustível durante as experiências e não foi feita qualquer alternância nos elementos do sistema de combustível.

No seu estudo, um aditivo oxigenado, o éter dietílico (DEE), foi misturado com biodiesel na proporção de 5%, 10%, 15% e 20% e testado o seu desempenho num motor diesel Kirloskar computadorizado do modelo AVI, a quatro tempos, de injeção direta, naturalmente aspirado e arrefecido a água. O motor diesel está acoplado a um dinamómetro de correntes de Foucault e a um sistema de aquisição de dados, para guardar dados.

Venkateswara Rao P. [53] investiga o âmbito da utilização de biodiesel produzido com etanol e metanol como álcoois no processo de fabrico de biodiesel. Foram efectuadas experiências em motores diesel com B20 de ésteres metílicos e etílicos de óleo de Pongâmia (POME20, POEE20), ésteres metílicos e etílicos de óleo de Mahua (MOME20, MOEE20) e combustível diesel normal, separadamente. Os resultados das caraterísticas de desempenho e de emissões foram comparados com os do gasóleo.

Ghosh S. et al[54] afirma a potencial utilização do éster metílico do óleo de Pongâmia como substituto do gasóleo em motores diesel. Várias proporções de Pongâmia e gasóleo (B25, B50, B75 e B100) são preparadas pelo processo de transesterificação em volume e utilizadas como combustíveis num motor diesel de injeção direta monocilíndrico a quatro tempos para estudar o desempenho destes combustíveis e compará-los com o gasóleo puro. Krishna A Gopala et al [55] efectuaram experiências para examinar as propriedades do biodiesel de óleo de palma, o desempenho e as emissões do motor com diferentes misturas (20%PBD, 40%PBD, 80%PBD e 100% PBD) a diferentes pressões de injeção de combustível (190, 210 e 230 bar) e os resultados obtidos são comparados com o gasóleo (valores de ensaio da linha de base). Dwivedi Gaurav et al [56] fizeram uma análise exaustiva do desempenho do motor e das emissões utilizando biodiesel de diferentes matérias-primas e comparando-o com o gasóleo. No entanto, recomenda-se a realização de muitas outras investigações sobre a modificação do motor, o desempenho do motor a baixa temperatura, novos instrumentos e metodologia para medições, etc., ao utilizar o biodiesel como substituto do gasóleo.

R. D. Gorle et al.[57] Investigaram o desempenho e as caraterísticas de emissão de várias misturas de biodiesel de Jatropha com gasóleo num motor a gasóleo de um cilindro e quatro tempos. Os dados adquiridos foram analisados em relação a vários parâmetros, como a eficiência térmica do travão (BTE), a pressão média efectiva do travão (BMEP), o consumo específico de combustível do travão (BSFC) e a temperatura dos gases de escape (EGT). Rajesh Kumar et al. [58] Estudaram experimentalmente as caraterísticas de desempenho e emissões de ésteres metílicos de óleo de algodão de seda (SCOME) e misturas de gasóleo num motor diesel. Para este estudo, os ésteres metílicos do óleo de algodão de seda foram adicionados ao gasóleo em volumes de 20% (B20), 40% (B40), 60% (B60) e 80% (B80), bem como à mistura pura de 100% (B100). Os combustíveis foram testados num motor diesel Kirloskar monocilíndrico, arrefecido a água e de injeção direta, carregado por um dinamómetro de correntes de Foucault. O efeito das misturas no desempenho do motor e nas emissões de escape foi examinado a diferentes cargas (0%, 25%, 50%, 75% e 100%) a uma velocidade constante do motor de 1500 rpm. Foram determinados os parâmetros de desempenho do motor, nomeadamente a potência de travagem, o consumo específico de combustível, a eficiência térmica de travagem e a temperatura dos gases de escape. Mamilla Venkata Ramesh et al. [59] investigaram a substituição percentual de misturas de ésteres metílicos de jatropha por gasóleo como combustível para automóveis e outros fins industriais. Analisaram as caraterísticas de desempenho dos ésteres metílicos de pinhão-manso e a sua comparação com o gasóleo de petróleo. Os ensaios foram efectuados num motor diesel monocilíndrico de 3,7 KW, de injeção direta e arrefecido a água. Os combustíveis utilizados foram o éster metílico puro de pinhão manso, o gasóleo e diferentes misturas do éster metílico com o gasóleo. Os resultados experimentais mostram que 20% da mistura apresenta um melhor desempenho com uma poluição reduzida. A análise mostra que o biodiesel misturado com éster metílico de pinhão manso é um bom substituto do gasóleo puro. Mihir J Patel et al [60] afirmou que, para satisfazer as necessidades crescentes de energia, tem havido um interesse crescente em combustíveis alternativos como o biodiesel para fornecer um substituto adequado do gasóleo para motores de combustão interna. Os biodieseis são uma alternativa muito promissora ao gasóleo, uma vez que são renováveis e têm propriedades semelhantes. Uma das fontes económicas para a produção de biodiesel, que contribui duplamente para a redução dos resíduos líquidos e para a subsequente sobrecarga do tratamento de águas residuais, é o óleo alimentar usado (OAU).

Leung D.Y.C e Guo Y. [61] compararam as condições da reação de transesterificação para óleo de canola fresco e óleo de fritura usado. Foi mantida uma razão molar mais elevada (7:1, metanol/óleo de fritura usado), uma temperatura mais elevada (60° C) e uma quantidade mais elevada de catalisador (1,1 wt% NaOH) no óleo de fritura usado quando comparado com o óleo de canola fresco, em que as condições óptimas mantidas foram 315-318 K, 1,0 wt% NaOH e razão molar 6:1 metanol/óleo. No entanto, foi observado um tempo de reação menor (20 min) para o óleo de fritura usado quando comparado com o tempo de reação do óleo de canola fresco (60 min).

No trabalho seguinte, Lingfeng Cui et al. [62] desenvolveram biodiesel a partir de óleo de semente de algodão utilizando KF/y-Al2O3 como catalisadores heterogéneos para a transesterificação de óleo de semente de algodão com metanol. As variáveis operacionais utilizadas foram a razão molar metanol/óleo (6:1-18:1), a concentração do catalisador (1-5 wt %), a temperatura (50-68 °C) e o tipo de catalisador. O biodiesel com as melhores propriedades foi obtido usando uma razão molar metanol/óleo de 12:1, catalisador (4%) e temperatura de 65°C com o catalisador KF/y- Al2O3. Sinha Shailendra et al. [63] determinaram a condição óptima para a transesterificação do óleo de farelo de arroz com metanol e NaOH como catalisador pelo método de agitação mecânica. A condição foi encontrada a 55° C de temperatura de reação, 1 h de tempo de reação, razão molar 9:1 de óleo de farelo de arroz para metanol e 0,75% de catalisador (w/w). Além disso, as propriedades físicas do éster metílico do farelo de arroz foram testadas e comparadas com outros biodieseis e gasóleo.

Posteriormente Alamu J Oguntola et al. [64], produziu o biodiesel através da transesterificação de 100g de óleo de coco, 20.0% de etanol (wt% de óleo de coco) e 0.8% de catalisador de hidróxido de potássio a 65°C de temperatura de reação com 120 min. de tempo de reação. Obteve-se um baixo rendimento do biodiesel (10,4%). Enquanto Tang Ying et al. [65] desenvolveram um novo método de catálise - CaO modificado com brometo de benzilo para a produção de biodiesel a partir de colza. A atividade catalítica melhorada foi obtida através de uma melhor difusão da gordura para a superfície do CaO modificado com brometo de benzilo. Além disso, foi obtido um rendimento de 99,2% de ésteres metílicos de ácidos gordos em 3 horas, em comparação com a melhor difusão de gordura para a superfície do CaO modificado com brometo de benzilo. O CaO normal e o modificado são mostrados na Fig.2. Além disso, Silva F. Giovanilton et al. [66], produziram biodiesel a partir de óleo de soja por transesterificação com etanol. As condições óptimas para a produção de ésteres etílicos foram as seguintes: temperatura moderada a 56,7 °C, tempo de reação de 80 min, razão molar de 9:1 e concentração de catalisador de 1,3 M. Para a reação de esterificação, HR2RSOR4R foi adicionado como catalisador e para a transesterificação KOH foi adicionado como catalisador com metanol.

Ali N. Eman e Tay Isis Cadence [67], investigaram as caraterísticas do biodiesel produzido a partir de óleo de palma através do processo de transesterificação com catalisador de base. Para encontrar o valor de rendimento ótimo do biodiesel, foram selecionados três parâmetros importantes, tais como a temperatura de reação de 40, 50 e 60°C, o tempo de reação de 40, 60 e 80 minutos e a relação metóxido 4:1, 6:1 e 8:1. Ao realizar as experiências, o valor ótimo de rendimento de 88% foi alcançado com os parâmetros como a temperatura de reação de 60°C, o tempo de reação de 40 minutos e a razão de metóxido 6:1. A partir do valor de rendimento ótimo, foram calculadas as propriedades físicas, como a densidade de 876,0 kg/m3, a viscosidade cinemática de 4,76 mm2/s, o número de cetano de 62,8, o ponto de inflamação de 170°C e o ponto de turvação de 13°C. O biodiesel produzido tinha propriedades semelhantes às das normas ASTM D 6751 e EN 14214. Na investigação de Wakil Abdul Md. et al. [68], escolheu-se óleo de semente de algodão, óleo de Mosna e óleo de sésamo para produzir biodiesel. O biodiesel é produzido através da transesterificação do óleo com um álcool, como o metanol, em condições suaves na presença de um catalisador de base. É produzida uma quantidade satisfatória de biodiesel a partir de óleo de semente de algodão numa proporção molar de 3:1 de metanol e óleo. Três tipos de óleo (óleo de algodão, óleo de mosna e óleo de sésamo) são extraídos das sementes e convertidos quimicamente através de uma reação de transesterificação alcalina em ésteres metílicos de ácidos gordos. As condições óptimas estabelecidas para a metanólise do óleo de semente de algodão bruto na investigação foram registadas como sendo 3:1 razão molar de metanol para óleo e 1,00% (w / w) catalisador. Para o óleo de Mosna, as condições óptimas foram registadas como sendo a relação 3,5:1 M de metanol para óleo e 1,00% (w/w) de catalisador. No entanto, foi encontrada uma pequena quantidade de biodiesel a partir deste óleo e o custo de produção é mais elevado do que o do óleo de semente de algodão. E para o óleo de sésamo, as condições óptimas foram registadas como sendo a relação 3,5:1 M de metanol para óleo e 1,00% (w/w) de catalisador.

Chakrabarti H. Mohammed e Ahmad Rafiq [69], apresentaram um trabalho sobre a extração de óleo de rícino e a sua conversão em biodiesel a partir da transesterificação. Verificou-se que a mistura de reação contendo 65 ml de metanol juntamente com 2,4 g de catalisador (KOH) teve um bom arranque em meia hora a 30°C. Nesta reação, a quantidade de glicerina removida, bem como o teor de éster produzido, aumentaram consideravelmente com o aumento da temperatura da mistura até 70°C, prolongando o período de tempo (180-360 minutos). A remoção de glicerina aumentou duas vezes e meia e o teor de ésteres quatro vezes, respetivamente. Quando o óleo de rícino foi submetido a uma esterificação ácida, antes da transesterificação (uma investigação separada), verificou-se que se podiam obter teores de ésteres até 95%. Tiwari Kumar Alok et al. [70] utilizaram a metodologia de superfície de resposta para otimizar três variáveis importantes da reação, incluindo a quantidade de metanol, a concentração de ácido e o tempo de reação. Verificou-se que o catalisador de ácido sulfúrico de 1,43% v/v, a razão metanol/óleo de 0,28 v/v e o tempo de reação de 88 minutos a 60 °C eram os melhores para a redução dos AGL do óleo de Jatropha de 14% para menos de 1%. As propriedades do biodiesel de óleo de Jatropha estão em conformidade com as normas europeias e americanas.

2.1 Lacunas nos estudos disponíveis

1. Foram publicados muitos trabalhos sobre o desempenho e as emissões em motores de ignição comandada que utilizam misturas de combustível de óleo de girassol e de óleo de amendoim apenas.
2. Na literatura, foram publicados trabalhos limitados sobre as emissões e o desempenho do motor utilizando misturas de óleos de girassol e de amendoim em diferentes condições de funcionamento.
3. Não foi efectuado qualquer trabalho sobre os estudos de desempenho e de emissões do motor VCR utilizando misturas de combustível de óleo de girassol e de amendoim com gasóleo.

2.2 Trabalho proposto:

Avaliação do óleo de girassol e do óleo de amendoim no motor diesel VCR:

1. Propriedades físico-químicas
2. Análise do desempenho

CAPÍTULO 3

CARACTERÍSTICAS DO BIODIESEL

Neste capítulo, discutimos as propriedades e os parâmetros que nos ajudam a determinar a adequação do biodiesel.

3.1. Caraterísticas dos óleos ou gorduras que afectam a sua aptidão para utilização como biodiesel

No laboratório, os motores de combustão interna foram projectados para funcionar com biodiesel como combustível, em alternativa ao gasóleo de petróleo. As propriedades analisadas do biodiesel estavam mais próximas das do gasóleo. Uma vez que uma grande variação nas propriedades do combustível testado pode levar a um funcionamento errático do motor e pode causar danos no sistema do motor juntamente com um fraco desempenho. De seguida, apresentam-se algumas das propriedades analisadas.

1. Poder calorífico
2. Viscosidade
3. Densidade
4. Ponto de inflamação e de fogo
5. Ponto de fluidez

1. Poder Calorífico ou Calor de Combustão - O Poder Calorífico ou Calor de Combustão é a quantidade de energia térmica libertada pela combustão de um valor unitário de combustíveis. Um dos factores determinantes mais importantes do poder calorífico é o teor de humidade. A biomassa seca ao ar tem normalmente cerca de 15-20% de humidade, enquanto o teor de humidade da biomassa seca no forno é insignificante. O teor de humidade do carvão varia entre os 230%. No entanto, a densidade aparente da maioria das matérias-primas de biomassa é geralmente baixa, mesmo após densificação entre cerca de 10 e 40% da densidade aparente da maioria dos combustíveis fósseis. No entanto, os biocombustíveis líquidos têm densidades a granel comparáveis às dos combustíveis fósseis.

2. Viscosidade - A viscosidade refere-se à espessura do óleo e é determinada através da medição do tempo necessário para que uma determinada medida de óleo passe através de um orifício de um tamanho especificado. A viscosidade afecta a lubrificação do injetor e a atomização do combustível. Os combustíveis com baixa viscosidade podem não fornecer lubrificação suficiente para o ajuste de precisão das bombas de injeção de combustível, resultando em fugas ou maior desgaste. A atomização do combustível também é afetada pela viscosidade do combustível. Os combustíveis para motores

diesel com elevada viscosidade tendem a formar gotículas maiores na injeção, o que pode causar uma combustão deficiente, aumento dos fumos de escape e das emissões.

3. Densidade - É o peso por unidade de volume. Os óleos mais densos contêm mais energia. Por exemplo, a gasolina e o gasóleo fornecem uma energia comparável em peso, mas o gasóleo é mais denso e, por isso, fornece mais energia por litro.

4. Ponto de inflamação - A temperatura do ponto de inflamação de um combustível é a temperatura mínima a que o combustível se inflama (flash) com a aplicação de uma fonte de ignição. O ponto de inflamação varia inversamente com a volatilidade do combustível. As temperaturas mínimas do ponto de inflamação são necessárias para a segurança e o manuseamento adequados do gasóleo.

5. Ponto de fusão ou ponto de fluidez - O ponto de fusão ou ponto de fluidez refere-se à temperatura a que o óleo na forma sólida começa a derreter ou a derramar. Nos casos em que as temperaturas descem abaixo do ponto de fusão, todo o sistema de combustível, incluindo todas as linhas de combustível e o depósito de combustível, terá de ser aquecido.

3.2 Motor VCR

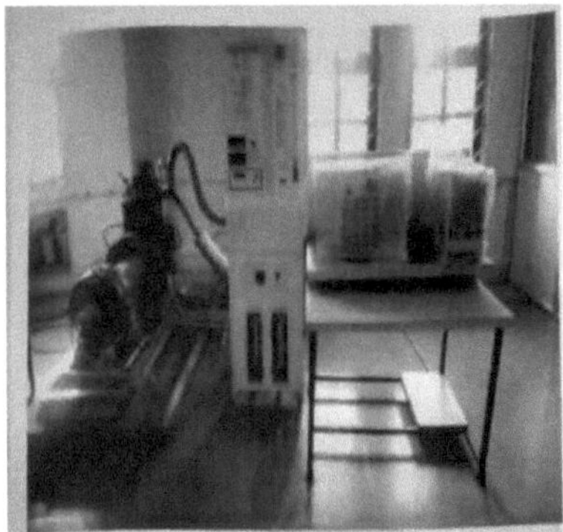

Figura 1: Motor do videogravador

A tecnologia de taxa de compressão variável (VCR) há muito que é reconhecida como um método para melhorar o desempenho, a eficiência e a economia de combustível dos motores de automóveis com emissões reduzidas. A principal caraterística do motor VCR é funcionar com diferentes taxas de compressão, alterando o volume da câmara de combustão, consoante as necessidades de desempenho do veículo.

A configuração de teste do motor VCR é composta por arranjos de 1 cilindro a diesel de 4 tempos (computadorizados). A configuração consiste num motor Diesel de um cilindro, quatro tempos, VCR (Taxa de Compressão Variável) ligado a um dinamómetro de correntes de Foucault para carga. A taxa de compressão pode ser alterada sem parar o motor e sem alterar a geometria da câmara de combustão através de uma disposição de bloco de cilindros basculante especialmente concebida. A instalação está equipada com os instrumentos necessários para a medição da pressão de combustão e do ângulo de manivela. Estes sinais são ligados ao computador através do indicador do motor para diagramas. Prevê-se igualmente uma interface para a medição do caudal de ar, do caudal de combustível, das temperaturas e da carga. A instalação tem uma caixa de painéis autónoma constituída por uma caixa de ar, dois depósitos de combustível para o ensaio de combustível duplo, manómetro, unidade de medição de combustível, transmissores para medições do fluxo de ar e de combustível, indicador de processo e indicador do motor. São fornecidos rotâmetros para a medição do caudal da água de arrefecimento e da água do calorímetro.

A configuração permite estudar o desempenho do motor VCR em termos de potência de travagem, potência indicada, potência de atrito, BMEP, MEP, eficiência térmica de travagem, eficiência térmica indicada, eficiência mecânica, eficiência volumétrica, consumo específico de combustível, relação A/F e equilíbrio térmico. O pacote de software de análise do desempenho do motor "Enginesoft", baseado numa vista de laboratório, é fornecido para avaliação do desempenho em linha. Opcionalmente, é fornecida uma medição computorizada da pressão de injeção de gasóleo.

Caraterísticas:

1. Mudança de CR sem parar o motor
2. Sem alteração da geometria da câmara de combustão
3. Dispositivo para mistura de dois combustíveis
4. Gráficos PV, gráficos de desempenho e resultados tabelados
5. Medições em linha e análise de desempenho
6. Registo de dados, edição, impressão e impressão exponencial, gráficos configuráveis
7. IP, IMEP. Indicação FP
8. Análise de combustão

Especificações técnicas:

1 . Produto: VCR Configuração de teste de motor 1 cilindro, 4 tempos, Diesel (Com.)

2 . Código do produto: 234, 234H.

3 . Motor: Marca Kirloskar, Tipo 1 cilindro, Diesel de 4 tempos, arrefecido a água, potência 3.5kW. Curso 110 mm, diâmetro 87,5 mm. , CR17.5. Modificado para motor VCR CR 12 a 18

4 . Dinamómetro Produto 234 Tipo: corrente de Foucault, arrefecido a água, Produto 234H: Tipo Hidráulico

5 . Eixo da hélice: Com juntas universais

6 . Caixa de ar: M S fabricada com medidor de orifício e manómetro

7 . Depósito de combustível: Capacidade 15 litros com coluna doseadora de combustível em vidro

8 . Calorímetro: Tipo Tubo em tubo

9 . Sensor piezoelétrico: Gama 5000 PSI, com cabo de baixo ruído

10 Sensor do ângulo da manivela, resolução de 1 grau, velocidade de 5500 RPM com impulso TDC.

11 Dispositivo de aquisição de dados: NI USB-6210. 16-bit, 250kS/s.

12 Unidade de alimentação piezoeléctrica: Marca-Cuadra, modelo AX-40,

13 Transmissor de temperatura: Tppe dois fios, Entrada RTD FT100, Gama 0-100 Deg C, Saída 4-20 mA e Ty, dois fios. Termopar de entrada,

14 Indicador de carga: Digital, Gama 0-50 Kg, Alimentação 230VAC

15 Sensor de carga Célula de carga, tipo strain gauge, gama 0-50 Kg

16 Transmissor de caudal de combustível: Transmissor DP, alcance 0-500 mm WC

17 Transmissor de caudal de ar: Transmissor de pressão, alcance (-) 250 mm WC

18 Software: "EngincsoftLV" Software de análise do desempenho do motor 19.Rotâmetro: Arrefecimento do motor 40-400 LPH; Calorímetro 25-250 LPH

20.bomba: Tipo Monobloco

21.Dimensões totais: L 2000 x P 2500 x A 1500 mm

Opcional: Medição computadorizada da pressão de injeção diesel

3.3 TESTE DE DESEMPENHO

O desempenho do motor é uma indicação do grau de sucesso do motor na realização da tarefa que lhe foi atribuída, ou seja, a conversão da energia química contida no combustível em trabalho mecânico útil. O desempenho de um motor é avaliado com base nos seguintes parâmetros.

3.3.1Potência de travagem (B.P):

A potência desenvolvida no veio de saída do motor é designada por potência de travagem; é a potência disponível na cambota do motor ou no volante do motor.

3.3.2. Consumo Específico de Combustível (CEC): É definido como a quantidade de combustível consumida por unidade de tempo para a produção de energia.

3.3.3. Eficiência térmica do travão (BTE): É o rácio entre a potência de saída do veio (potência de travagem) e a entrada de calor fornecida ao motor.

3.3.4. Pressão efectiva média do travão (BMEP): A pressão média efectiva é definida como uma pressão hipotética que se pensa estar a atuar sobre o pistão ao longo do curso de potência. Se a pressão média efectiva se basear na potência de travagem, é designada por pressão média efectiva de travagem (BMEP).

3.4. FÓRMULAS UTILIZADAS PARA OS CÁLCULOS

1) Quantidade de combustível utilizada, $m_f = \frac{X_{CC} * SG}{t * 1000}$ Kg / Sec

Em que X_{cc} = Volume de combustível consumido

SG = Gravidade específica do combustível

t = Tempo necessário para o consumo de combustível

2) Calor fornecido ao motor, $Q_f = m_f * CV$ in kW;

aqui CV = Poder calorífico do combustível em (KJ/Kg)

3) Potência de travagem, $B.P = \frac{2\pi N T}{60 * 1000}$ in kW

Onde, T = Binário em (KN-m) = P*r*9,81

P = Carga líquida em kg

r = Raio do cabo (0,152m)

N = RPM nominal do motor (1500rpm)

4) Consumo específico de combustível, $S.F.C = \frac{m_f * 3600}{BP}$ Kg/KW-Hr

5) Pressão média efectiva, $P_m = \frac{60 * BP}{L * A * N * 10000 * K * n}$ Bars

Onde, L= comprimento do curso

A=área

N=rpm

K=0,5 para o motor a 4 tempos n = número de cilindros

6) Eficiência térmica do travão, $\eta_{BTE} = \frac{BP}{Q_f}$

CAPÍTULO 4

PROCEDIMENTO

Dedicámos este capítulo à discussão de todos os procedimentos experimentais envolvidos no nosso projeto, desde a preparação do biodiesel até ao teste de cada uma das suas propriedades.

4.1. Métodos de produção de biodiesel: Têm sido feitos esforços consideráveis para desenvolver derivados de óleos vegetais que se aproximem das propriedades e do desempenho dos combustíveis diesel à base de hidrocarbonetos. Os problemas com a substituição dos triglicéridos por combustíveis para motores diesel estão principalmente associados às suas elevadas viscosidades, baixas volatilidades e carácter polinsaturado. A viscosidade dos óleos vegetais, quando utilizados como combustível para motores diesel, pode ser reduzida de pelo menos quatro formas diferentes:

(1) Diluição com hidrocarbonetos (mistura)

(2) Emulsificação

(3) Pirólise (Cracking térmico)

(4) Transesterificação (alcoólise).

A transesterificação é o método mais comum e conduz a ésteres monoalquílicos de óleos e gorduras vegetais, atualmente designados por biodiesel quando utilizados como combustível.

A transesterificação é também conhecida como alcoólise. É a reação de gordura ou óleo com um álcool para formar ésteres e glicerina. É utilizado um catalisador para melhorar a taxa de reação e o rendimento. Entre os álcoois, o metanol e o etanol são utilizados comercialmente devido ao seu baixo custo e às suas vantagens físicas e químicas. Reagem rapidamente com os triglicéridos e o NaOH e dissolvem-se facilmente neles. Para completar um processo de transesterificação, é necessária uma relação molar de 3:1 de álcool. As enzimas, os álcalis ou os ácidos podem catalisar a reação, ou seja, as lipases, o NaOH e o ácido sulfúrico, respetivamente.

Entre estas, a transesterificação alcalina é mais rápida e, por isso, é utilizada comercialmente. Uma mistura de óleo vegetal e hidróxido de sódio (utilizado como catalisador) é aquecida e mantida a 650C durante 1 hora, enquanto a solução é continuamente agitada. Formam-se duas camadas distintas, a inferior de glicerina e a superior de éster. A camada superior (éster) é separada e a humidade é removida do éster utilizando cloreto de cálcio. Observa-se que é possível obter 90% de éster a partir de óleos vegetais.

4.2. Produção de biodiesel

O início do processo de produção depende do tipo de óleo utilizado, quer se trate de óleo fresco ou de óleos provenientes da indústria da restauração. Neste último caso, procede-se a um processo de titulação, cujo resultado determina as proporções de metanol e hidróxido de potássio utilizadas na preparação do catalisador de reação. De seguida, apresentam-se as etapas necessárias para a produção de Bio Diesel:

4.2.1 . Titulação: Este processo é efectuado para determinar a quantidade de hidróxido de potássio necessária. Este processo é a fase mais crucial e mais importante do fabrico de Bio-Diesel. Método de titulação para determinar a quantidade de catalisador necessária para neutralizar os ácidos gordos no óleo vegetal usado.

1. Dissolver 1 grama de KOH em 1 litro de água destilada.
2. Dissolver 1 ml em 10 ml de álcool isopropílico.
3. Com um conta-gotas, ajustar o pH para 8-9, adicionando fenolftaleína gota a gota. Verá uma eventual subida do nível de pH
4. Registar a quantidade de solução de NaOH adicionada até que a cor do óleo mude para rosa e se mantenha durante pelo menos 5 segundos (isto representa um pH entre 8 e 9).

Figura 2: Medição da concentração de NaOH

4.2.2 Titulação para determinar o excesso de catalisador

1) Solução de bureta: Solução de KOH -1000ppm
2) Solução para pipeta: 1 ml de vegetal usado
3) Solvente: 10 ml de álcool isopropílico
4) Indicador: Fenolftaleína.
5) Ponto final: Aparecimento de cor-de-rosa

Figura 3: Titulação

Quadro 2: Valor de titulação para o óleo de girassol

serial no:	Initial reading(ml)	Final reading(ml)	Volume used(ml)
1.	50	46.90	3.1
2.	50	46.80	3.2
3.	50	46.80	3.2

Valor médio =3,2

Quadro 3: Valor de titulação para o óleo de amendoim

Serial no:	Initial reading(ml)	Final reading(ml)	Volume used(ml)
1.	50	46.60	3.4
2.	50	46.80	3.2
3.	50	46.80	3.2

Valor médio=3,3ml

Cálculos:

Uma vez que estamos a utilizar NaOH como solução titulante, portanto,

Média (solução de titulação) + 5,5

= (3,2 + 5,5) gm/litro

= 8,7 gm/litro

Para 500 ml de óleo de girassol,

8,7gm/litro *0,5=4,35gramas

O mesmo se aplica ao óleo de amendoim,

Média +5,5 = (3,3 +5,5) gm/litro

=8,8 gm/litro

Para 500 ml de óleo de amendoim,

8,8 gm/litro*0,5 = 4,4 gramas

4.2.3. Preparação do metóxido de potássio

1) Verter cuidadosamente o NaOH em metanol a 20%.
2) Agitar a mistura até que o KOH esteja completamente dissolvido no metanol.

4.2.4. Aquecimento e mistura

A solução de metóxido de potássio preparada é misturada com óleo. O resíduo é aquecido até começar a ferver, após o que é bem misturado utilizando um agitador a 300 rpm.

1) Continuar a misturar o conteúdo.
2) Verter cuidadosamente o metóxido de potássio e agitar vigorosamente durante 15 minutos.

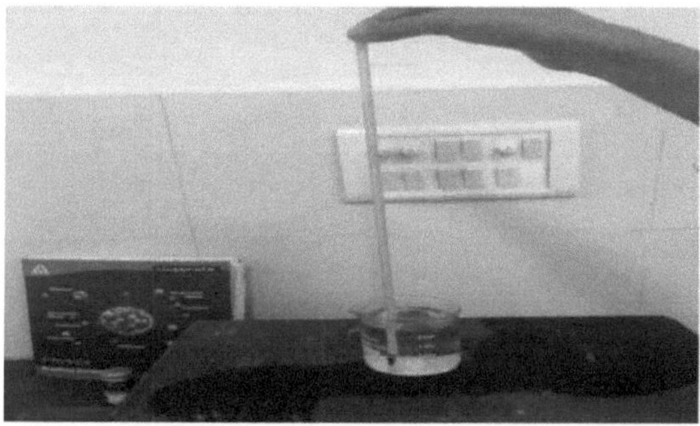

Figura 4: Medição da temperatura da água

4.2.5. Liquidação e separação

Depois de misturar o líquido, deixa-se arrefecer. Após o processo de arrefecimento, o biocombustível encontra-se a flutuar na parte superior, enquanto a glicerina mais pesada se encontra na parte inferior. A glicerina é facilmente separada, deixando-a escorrer do fundo. Desta forma, prepara-se o bio-diesel puro:

1) Deixar assentar a glicerina
2) Deixar a mistura repousar durante a noite.
3) A reação química bem sucedida entre o óleo, o álcool e o catalisador terá decomposto o óleo em várias camadas.
4) A camada superior é constituída por biodiesel, quimicamente designado por éster, a camada seguinte pode conter sabão e a camada inferior é constituída por glicerina.

Figura 5: Óleo de girassol - transesterificação

Figura 6: Óleo de amendoim - transesterificação

Figura 7: Decantação de óleos

4.2.6. Lavagem

O biodiesel e a glicerina separar-se-ão devido à diferença de densidade. Após a separação do biodiesel, este deve ser lavado com água quente para remover o metanol e o hidróxido de potássio que não reagiram.

Figura 8: Lavagem de ambos os óleos

4.2.7. Filtragem

Neste processo, o óleo vegetal usado é filtrado para remover todas as partículas de alimentos. Geralmente, este processo consiste em aquecer um pouco o líquido. Depois de aquecer o líquido, este é filtrado com a ajuda de um pano de algodão.

4.2.8. Remoção de água

Toda a água contida na ganga residual é removida, o que torna a reação mais rápida. A água é facilmente removida através da ebulição do líquido a 500C durante algum tempo 4.3. Mistura

Esta secção centra-se na mistura de B100 com gasóleo de petróleo para produzir B5, mas a abordagem é semelhante para outros níveis de mistura, como B10 ou B15. Conforme discutido nas secções anteriores, as propriedades de desempenho do B100 podem ser significativamente diferentes das do gasóleo convencional. A mistura de biodiesel no gasóleo de petróleo pode minimizar estas diferenças de propriedades e manter alguns dos benefícios do B100. O B20 é popular porque representa um bom equilíbrio entre custo, emissões, desempenho em tempo frio, compatibilidade de materiais e capacidade de atuar como solvente. O B10 é também o nível mínimo de mistura que pode ser utilizado para cumprimento do Epact pelas frotas abrangidas.

1) Misturas

B-0: refere-se a 100% de gasóleo

85: significa que contém 5% de óleo de girassol.

1 .e. para 1 litro, 50 ml de misturas de girassol e amendoim e 20 ml de metanol e 950 ml de gasóleo, da mesma forma para misturas de 10% e 15%.

B10: significa que contém 10% de óleo de girassol.

B15: significa que contém 15% de óleo de girassol.

Foram preparadas diferentes misturas de biodiesel para um estudo mais aprofundado das propriedades: Óleo de girassol:

950 ml de gasóleo + 50 ml de óleo de girassol = solução de 5% de óleo de girassol e gasóleo

900 ml de gasóleo + 100 ml de óleo de girassol = solução de 10% de óleo de girassol e gasóleo

850 ml de gasóleo + 150 ml de óleo de girassol = 15% de solução de óleo de girassol e gasóleo

Óleo de amendoim:

950 ml de gasóleo + 50 ml de óleo de amendoim = 5% de solução de óleo de amendoim-diesel 900 ml de gasóleo + 100 ml de óleo de amendoim = 10% de solução de óleo de amendoim-diesel 850 ml de gasóleo + 150 ml de óleo de amendoim = 15% de solução de óleo de amendoim-diesel

4.4. ENSAIO DAS PROPRIEDADES FÍSICO-QUÍMICAS

4.4.1. Método utilizado para testar a Viscosidade

Aparelhos utilizados:

1. Viscosímetro: São aceitáveis os aparelhos calibrados, do tipo capilar de vidro, capazes de medir a viscosidade cinemática dentro dos limites de precisão.
2. Suportes para viscosímetros: Para permitir que o viscosímetro seja suspenso numa posição semelhante à que se encontrava quando foi calibrado. O alinhamento correto das partes verticais pode ser confirmado utilizando um fio de prumo.

Metodologia:

O tempo foi medido em segundos para que um volume fixo de líquido fluísse por gravidade através do capilar de um viscosímetro calibrado, sob um calor de acionamento reprodutível e a uma temperatura rigorosamente controlada. A viscosidade cinemática é o produto do tempo de escoamento medido e a constante de calibração do viscosímetro.

4.4.2. Método utilizado para testar o ponto de inflamação

A amostra foi aquecida a um ritmo lento e constante, com agitação contínua. Uma pequena chama foi dirigida para o copo a intervalos regulares, com interrupção simultânea da agitação. O ponto de inflamação é a temperatura mais baixa à qual a aplicação da chama de ensaio provoca a ignição do vapor acima da amostra.

4.4.3. Método utilizado para testar o ponto de fluidez

Na determinação do ponto de fluidez, a amostra foi aquecida e depois arrefecida a uma velocidade especificada. Foi examinada a intervalos de 3°C para verificar as caraterísticas do fluxo. A temperatura mais baixa a que se observou o escoamento do óleo foi anotada e registada como o ponto de escoamento do material.

4.4.4. Poder calorífico ou calor de combustão

O poder calorífico ou calor de combustão é a quantidade de energia térmica libertada pela combustão de um valor unitário de combustíveis. Os factores determinantes mais importantes do poder calorífico são o teor de humidade. É por isso que o biodiesel purificado é seco. O teor de humidade do biodiesel é baixo, o que aumenta o poder calorífico do combustível.

Um calorímetro de bomba é um tipo de calorímetro de volume constante utilizado na medição do calor de combustão de uma determinada reação. Os calorímetros de bomba têm de suportar a grande pressão dentro do calorímetro enquanto a reação está a ser medida. É utilizada energia eléctrica para inflamar o combustível; à medida que o combustível arde, aquece o ar circundante, que se expande e escapa através de um tubo que conduz o ar para fora do calorímetro. Quando o ar se escapa através do tubo de cobre, aquece também a água no exterior do tubo. A temperatura da água permite calcular o teor calórico do combustível.

O calorímetro fornece o valor do poder calorífico superior ou o valor calorífico bruto (ou superior) de um combustível. O poder calorífico inferior é então obtido subtraindo o calor latente da água presente do poder calorífico superior. O calor latente de vaporização da água é de 2,5 MJ/kg.

CAPÍTULO 5

RESULTADOS E DEBATES

5.1. As propriedades físico-químicas da mistura foram determinadas:

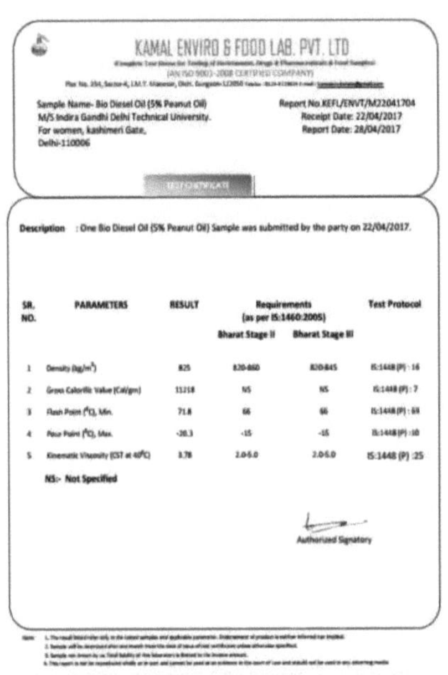

KAMAL ENVIRO & FOOD LAB. PVT. LTD

Sample Name- Bio Diesel Oil (5% Peanut Oil)
M/S Indira Gandhi Delhi Technical University.
For women, kashimeri Gate,
Delhi-110006

Report No.KEFL/ENVT/M22041704
Receipt Date: 22/04/2017
Report Date: 28/04/2017

Description : One Bio Diesel Oil (5% Peanut Oil) Sample was submitted by the party on 22/04/2017.

SR. NO.	PARAMETERS	RESULT	Requirements (as per IS:1460:2005)		Test Protocol
			Bharat Stage II	Bharat Stage III	
1	Density (kg/m³)	825	820-860	820-845	IS:1448 (P) : 16
2	Gross Calorific Value (Cal/gm)	11218	NS	NS	IS:1448 (P) : 7
3	Flash Point (°C), Min.	71.8	66	66	IS:1448 (P) : 69
4	Pour Point (°C), Max.	-20.3	-15	-15	IS:1448 (P) : 10
5	Kinematic Viscosity (CST at 40°C)	3.78	2.0-5.0	2.0-5.0	IS:1448 (P) :25

NS:- Not Specified

Authorized Signatory

Figura 9; Resultados dos ensaios com biodiesel de óleo de amendoim a 5%

Tabela 4: Resultados experimentais para misturas de óleo de girassol e óleo de amendoim

FUEL TYPE	GROSS CALORIFIC VALUE	Density	Viscosity	Pour point	Flash point
5% SUNFLOWER OIL	11225	827	4.38	-19.7	74.2
10% SUNFLOWER OIL	10892	833	4.27	-18.9	77.9
15% SUNFLOWER OIL	10911	836	4.12	-18.4	79.1
5% PEANUT OIL	11218	825	3.78	-20.3	71.8
10% PEANUT OIL	11023	828	3.92	-19.4	73.5
15% PEANUT OIL	10890	831	4.07	-19.8	78.1
Diesel	-	820-860	2-5	-15	66

5.2. RESULTADOS GRÁFICOS

Comparação das propriedades físico-químicas do biodiesel:

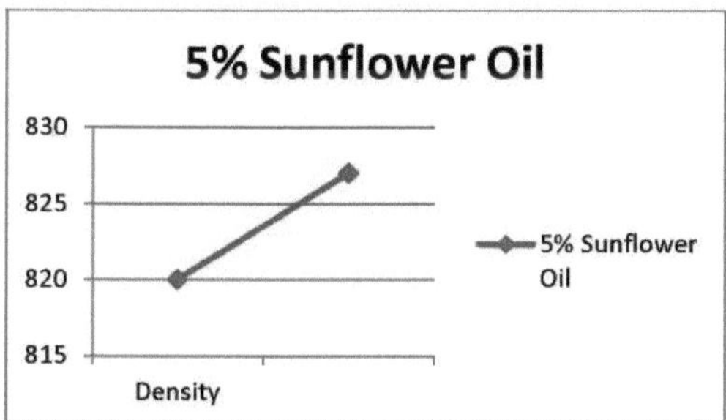

Figura 10: Curva de densidade da mistura de 5% de óleo de girassol

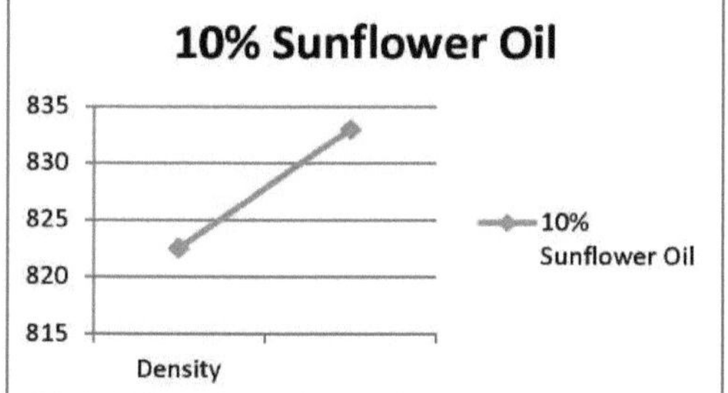

Figura 11: Curva de densidade para a mistura de 10% de óleo de girassol

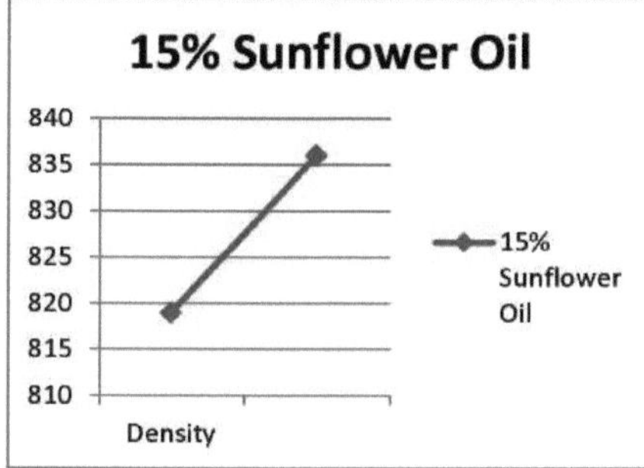

Figura12: Curva de densidade da mistura de 15% de óleo de girassol

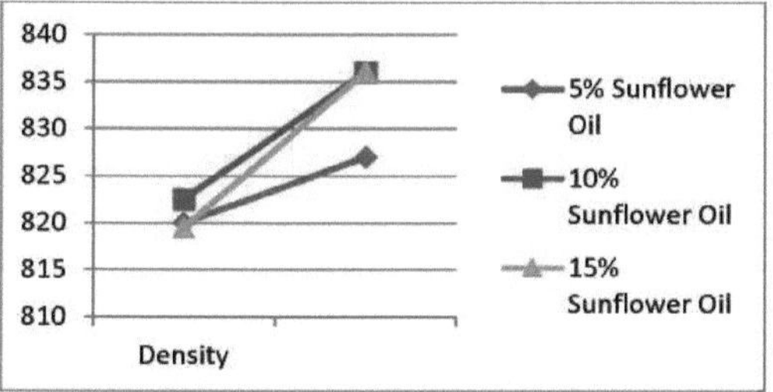

Figura 13: Comparação da densidade de diferentes misturas de óleo de girassol.

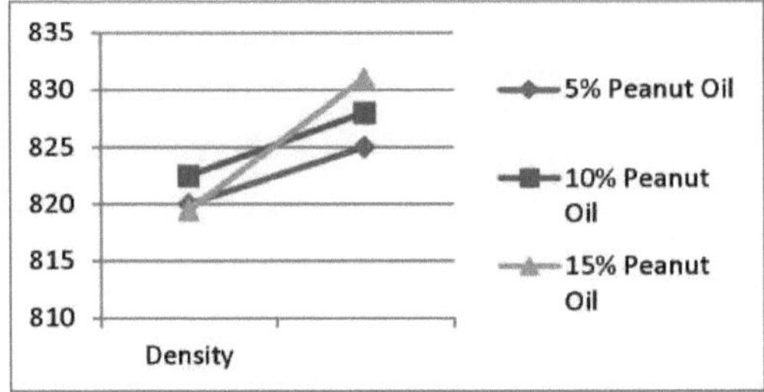

Figura 14: Comparação da densidade de diferentes misturas de óleo de amendoim.

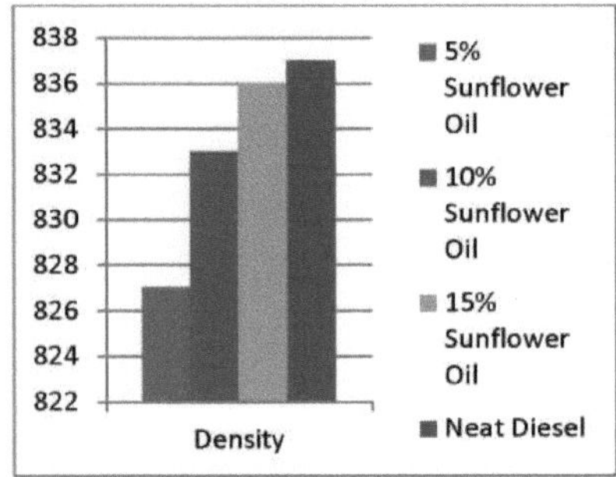

Figura 15: Comparação da densidade das misturas de óleo de girassol com o gasóleo puro

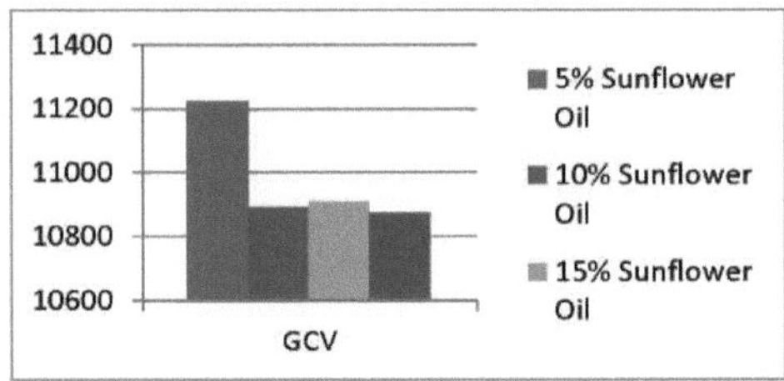

Figura 16: Comparação do valor calorífico bruto das misturas de óleo de girassol com o gasóleo puro

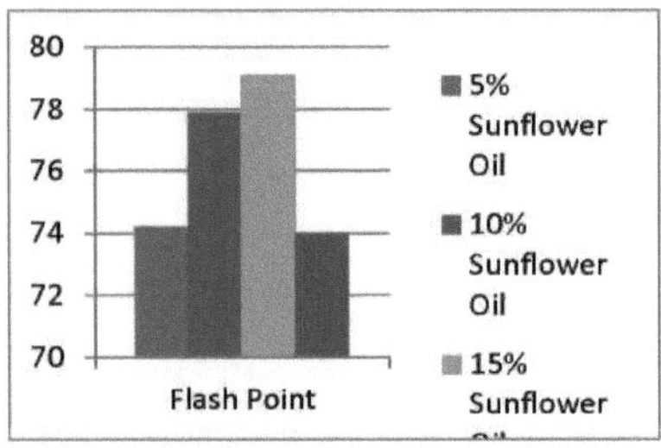

Figura 17: Comparação do ponto de inflamação das misturas de óleo de girassol com o gasóleo puro

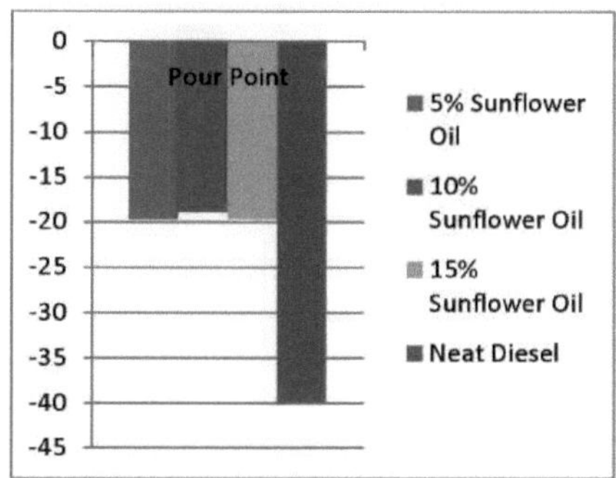

Figura 18: Comparação do ponto de fluidez das misturas de óleo de girassol com o gasóleo puro

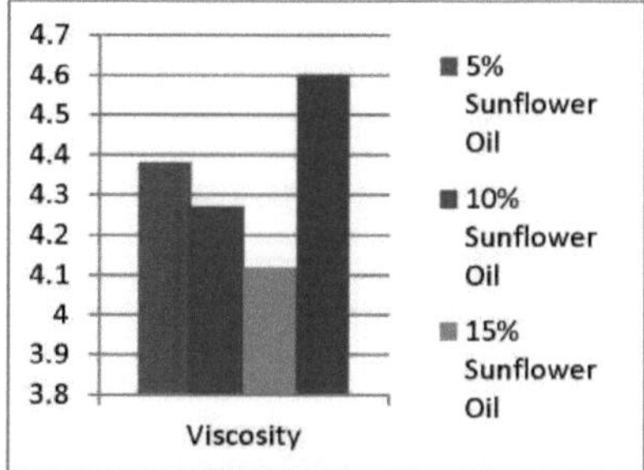

Figura 19: Comparação da viscosidade das misturas de óleo de girassol com o gasóleo puro

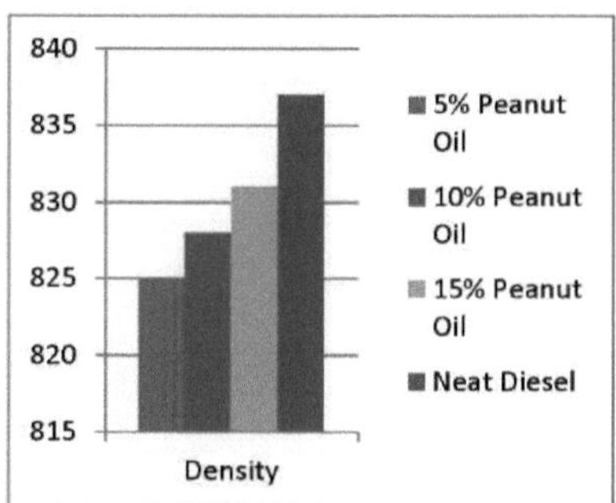

Figura 20: Comparação da densidade de misturas de óleo de amendoim com gasóleo puro

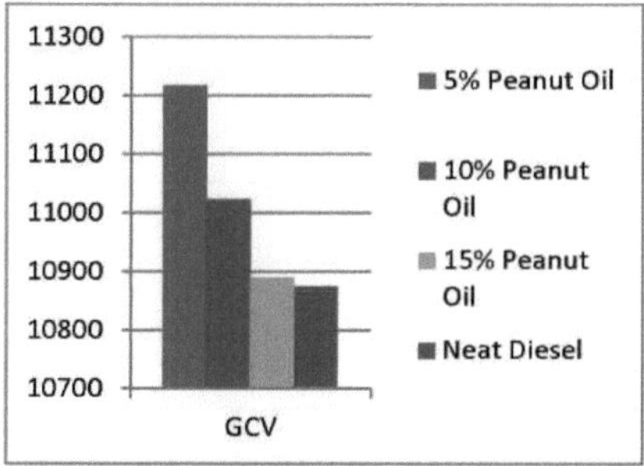

Figura 21: Comparação do valor calorífico bruto das misturas de óleo de amendoim com o gasóleo puro

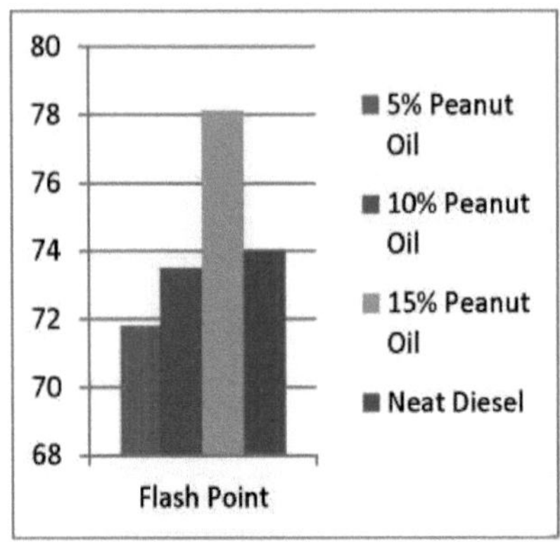

Figura 22: Comparação do ponto de inflamação das misturas de óleo de amendoim com o gasóleo puro

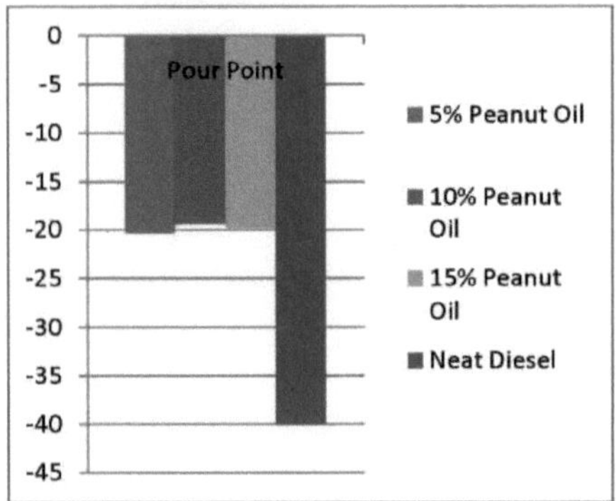

Figura 23: Comparação do ponto de fluidez das misturas de óleo de amendoim com o gasóleo puro

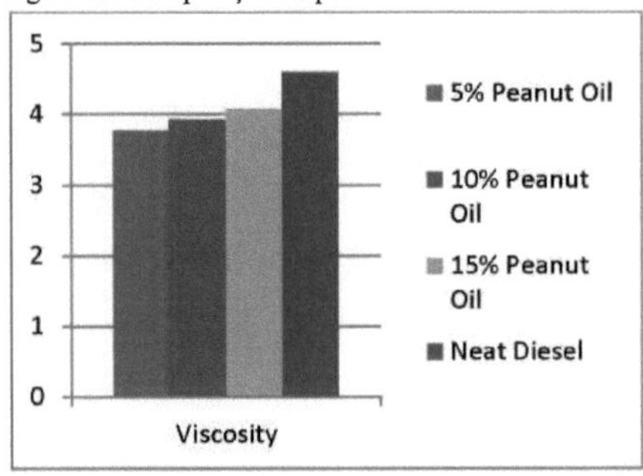

Figura 24: Comparação da viscosidade das misturas de óleo de amendoim com gasóleo puro

Tabela 5: Valores dos parâmetros do motor

Fuel type	**Bsfc**	**Brake thermal efficiency**	**Mean effective pressure**
5% sunflower oil	0.23	36	6.725
10% sunflower oil	0.24	33	5.645
15% sunflower oil	0.26	31	5.5
5% peanut oil	0.23	34	6.8
10% peanut oil	0.25	32	5.65
15% peanut oil	0.28	30	5.5

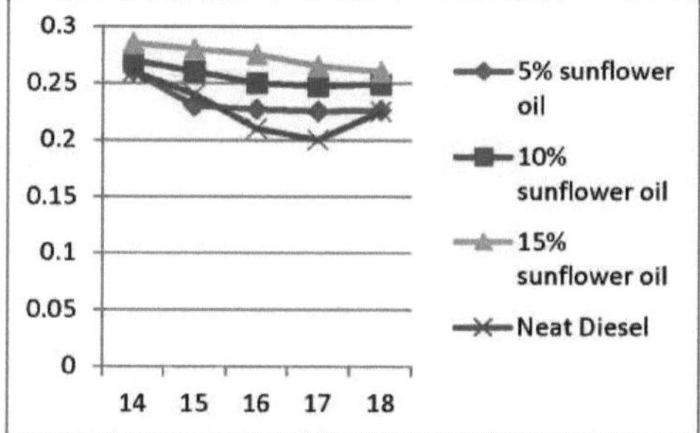

Figura 25: Comparação das curvas BSFC v/s Taxa de compressão das misturas de óleo de girassol com gasóleo puro

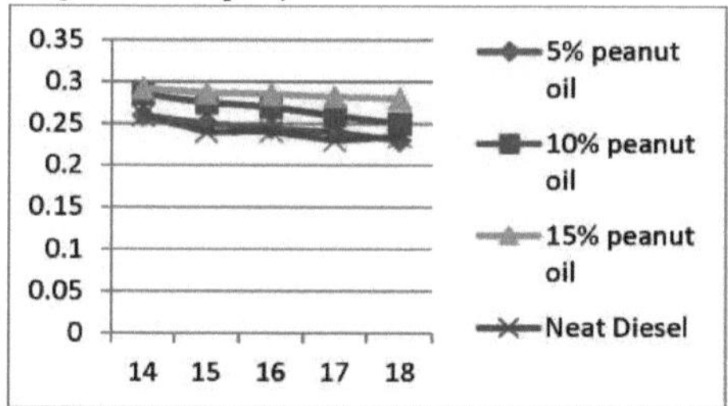

Figura 26: Comparação das curvas BSFC v/s Taxa de compressão das misturas de óleo de amendoim com gasóleo puro

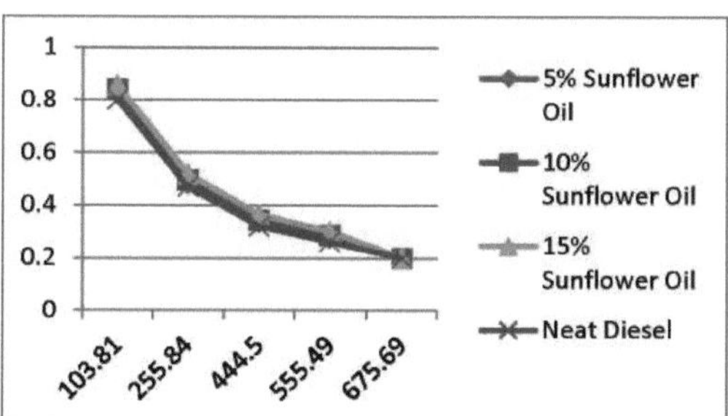

Figura 27: Comparação das curvas BMEP v/s BSFC para misturas de óleo de girassol com gasóleo

A Figura 27 mostra a variação da BMEP em relação à BSFC para misturas de gasóleo e biodiesel de girassol, nomeadamente B5, B10 e B15. A partir do gráfico é evidente que a BSFC diminui com o aumento da BMEP. Esta variação ocorre para as cargas incrementais. O B5 SOME tem menos BSFC a cargas e pressões mais elevadas. Assim, a

B5 é a melhor em comparação com outras misturas de SOME

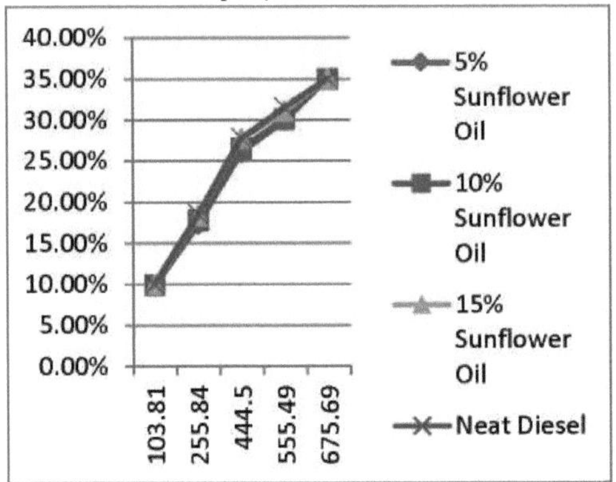

Figura 28: Comparação das curvas BMEP v/s BTE para misturas de óleo de girassol com gasóleo

A figura 28 mostra a variação da BMEP em relação ao BTE para várias cargas de misturas SOME. O gráfico mostra claramente que o BTE aumenta com o aumento da pressão efectiva média de travagem. O B5 SOME apresenta valores ligeiramente superiores de BTE em comparação com as outras misturas, mas é quase igual ao do gasóleo convencional.

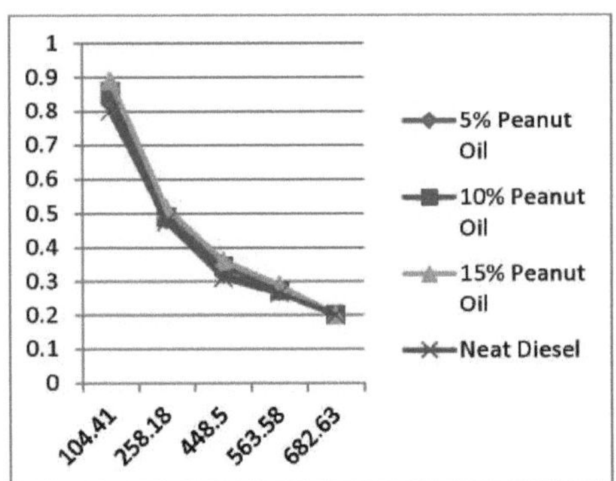

Figura 29: Comparação das curvas BMEP v/s BSFC para misturas de óleo de amendoim com gasóleo

A Figura 29 mostra a variação da BMEP em relação à BSFC para o Diesel e é evidente que a BSFC diminui com o aumento da BMEP. Esta variação ocorre para as cargas incrementais. O B5 POME tem menor BSFC em cargas e pressões mais altas. Assim, o B5 POME é o melhor em comparação com outras misturas.

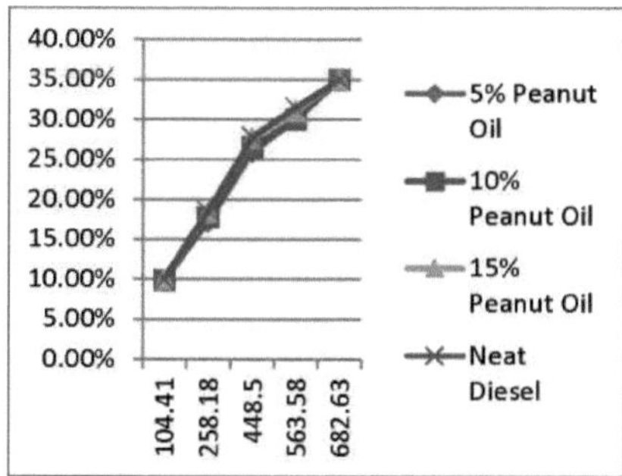

Figura 30: Comparação das curvas BMEP v/s BTE para misturas de óleo de amendoim com gasóleo

A figura 16 mostra a variação da BMEP em relação ao BTE para várias cargas de misturas de POME. A partir do gráfico, é evidente que o BTE aumenta com o aumento da pressão efectiva média do travão. O POME B5 apresenta valores de BTE ligeiramente superiores aos das outras misturas e ligeiramente inferiores aos do gasóleo a cargas mais elevadas.

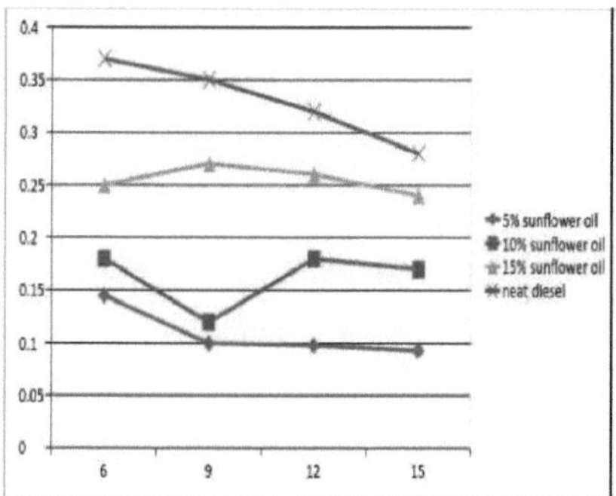

Figura 31: O BSFC VS CARGA para misturas de óleo de girassol

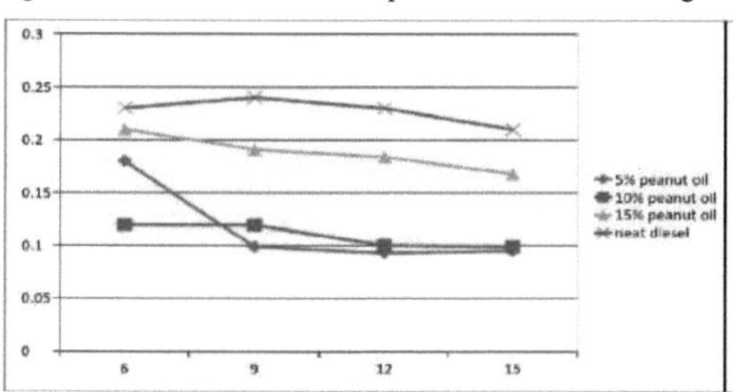

Figura 32: O BSFC VS CARGA para misturas de óleo de girassol

CAPÍTULO 6

CONCLUSÕES

As conclusões que derivam da presente investigação experimental para avaliar os testes experimentais são conduzidas num motor diesel a 4 tempos, monocilíndrico, arrefecido a água e com injeção direta, utilizando misturas de biodiesel de B5, B10 e B15 puro diesel a uma velocidade constante de 1500 rpm.

Do ponto de vista da melhoria da eficiência, pode concluir-se que a mistura B5 teve um melhor desempenho em termos de eficiência térmica dos travões e de consumo específico de combustível.

Não se verificou qualquer gripagem do motor ou bloqueio do injetor durante toda a operação, enquanto o motor funcionava com diferentes misturas de biodiesel.

O valor BSFC obtido para o POME a B5 é de 0,23 kg/kW-hr e 0,235 kg/kW-hr para o Diesel puro. O BSFC da mistura POME B5 é comparativamente menor do que o Diesel em condições de carga total. O valor do BTE para o POME é de 31,04%, que é o BTE máximo obtido para a mistura B5 em comparação com todas as outras misturas, com o diesel tendo BTE 30,03% em condições de carga total. O valor BSFC obtido para o SOME em B5 é de 0,232 kg/kW-hr e 0,235 kg/kW-hr para o gasóleo puro. O valor BTE para o SOME é de 30,04%, que é o BTE máximo obtido para a mistura B5 em comparação com todas as outras misturas com o gasóleo com BTE de 30,03% a plena carga. O valor BTE do B5 SOME é quase igual ao do gasóleo.

O B5 POME está a dar comparativamente melhor desempenho do que outras misturas. Também o B5 POME tem maior eficiência térmica e menor consumo específico de combustível do que o B5 SOME, que é uma mistura optimizada no caso do SOME em comparação com o Diesel.

CAPÍTULO 7

REFERÊNCIAS

[1] Rudolf Diesel,www.wikepedia

[2] Backer,L.F., Jacobsen,L. and Olson,J.C., 'Farm-Scale Recovery and Filtration Characteristics of Sunflower Oil for Use in Diesel Engines', JAOCS, Vol.60, No.8, 1983, Page No.1558- 1560.

[3] Silvio et al. "Performance of a diesel generator fuelled with palm oil ', fuel 81(16):2097- 2102 - November 2002 with 841 Reads DOI: 10.1016/S0016-2361(02)00155-2.

[4] Mariusz Ziejwski, Goettler J., "Design modifications for durability improvements of diesel engines operating on plant oil fuels", SAE 921630, 1992.

[5] Barsic NJ, Humke H. 'Performance and emission characteristics of a naturally aspirated diesel engine with vegetable oil', SAE 810262, 1981.

[6] Rosa Radu. The use of sunflower oil in diesel engines", SAE 972979, 1997.

[7] Zeiejerdki K, Pratt K. 'Comparative analysis of the long term performance of a diesel engine on vegetable oil', SAE 860301, 1986.

[8] Mushatq Ahmad, Shoaib Ahmed, Fayyaz-Ul-Hassan, Muhammad Arshad, Mir Ajab Khan, Muhammad Zafar e Shazia Sultana, ' Base catalyzed transesterification of sunflower oil Biodiesel', African Journal of Biotechnology Vol. 9(50), pp. 8630-8635, 13 de dezembro de 2010

[9] Christopher W. 'The practical implementation of bio-diesel as an alternative fuel in service motor coaches', SAE 973201, 1997

[10] Czerwinski J. 'Performance of D.I. Diesel engine with addition of ethanol and rapeseed oil', SAE 940545, 1994.

[11] Mariusz Ziejewski e Hans, J. Goettler, 'Comparative Analysis of the Exhaust Emissions for Vegetable Oil Based Alternative Fuels', SAE 920195, 1992, página n.° 65-73.

[12] Freedman, B., Pryde,E.H. and Mounts,T.L., 'Variables Affecting the Yields of Fatty Esters from Transesterified Vegetable Oils', JAOCS , Vol.61, No.10, 1984, Page No.1638-1643.

[13] Dipak virkar, sachin pisal, 'characterization of biodisesl on ver engineInternational Journal of Informative & Futuristic Research (IJIFR) Volume - 4, Issue -2, October 2016 Continuous 38th Edition, Page No: 5202-5210 .

[14] Delmer, L.Helgeson. e Leroy, W.Schaffner, "The Economis of on-farm processing of sunflower oil". U.S. Department of Commerce, l;Iureau of the Census, 1978 Census of Agriculture, Preliminary Report, North Dakota, Washington, D.C., outubro de 1980. (Foram utilizadas explorações agrícolas com vendas de 2 500 dólares ou mais).

[15] Dunn, P.D. e Wasan Jompakdee. 'The Use of Vegetable Oils as a Diesel Fuel', Substitute in Thailand', Vol.3,1993, Page No.44-49.

[16] Goering,C.E., Schwab, A.W., Daudhtery,M.J., Pryde, E.H. and Heakin.A.J . 'Fuel properties of eleven vegetable oils', Trans. of ASAE , Vol. 25(46), 1982, Page No.1472-7.

[17] Bhanodaya Reddy,G., Reddy,K.V. (Retd.). and Ganesan,V.'Utilization of Non-Edible Vegetable Oil in Diesel Engine'. XVII NCICEC, 2001, Página No.211-214

[18] Chan,C.M.P., MoncrieffJ.D. e Pettitt,R.A. 'Diesel Engine Combustion Noise With Alternative Fuels', SAE 820236, 1983, página n.º 948-958.

[19] Wibulswas,P., Chirachakhrit,S., Keochung,U. e TiansuwanJ. 'Combustion of Blends Between Plant Oils and Diesel Oil', Renewable Energy, Vol. 16, 1999, Page No. 1098-1101.

[20] Coni, E., Podesta, E. and Catone, T. 'Oxidizability of different vegetables oils evaluated by thermo gravimetric analysis', Thermochimica Ata, Vol.418, 2004, Page No.11-15.

[21] Humke,A.L. and Barsic,N.J. 'Performance and Emissions Characteristics of a Naturally Aspirated Diesel Engine with Vegetable Oil Fuels-(Part 2)'ll, SAE 810955, 1982, Page No.2925-2935.

[22] Eduardo, G.de Souza. e Luig, F.Milanez. 'Avaliação Indireta do Binário de Motores Diesel'll, ASAE, Vol.31, No.5, 1988, Página No.1350-1354.

[23] Strayer,R.C., Blake,J.A. and Craig,W.K. 'Canola and High Erucic Rapeseed Oil as Substitutes for Diesel Fuel : Preliminary Tests'll, JAOCS, Vol.60, No.8, 1983, Page No.1587- 1592.

[24] Robert, A. Niehaus, Carroll, E. Goering. Lester D.Savage.Jr. e Spencer, C.Sorenson. 'Cracked Soybean Oil as a Fuel for a Diesel Engine'll, ASAE, Vol.29, No.3, 1986, Page No.683-689.

[25] Herchel, T.C. Machacon, Seiichi Shiga, Takao Karasawa e Hisao Nakamura. 'Performance and Emission Characterstics of a Diesel Engine Fueled With Coconut OilDiesel Fuel Blend'll, Bio mass and bio energy, Vol. 20, 2001, Page No.63-69.

[26] Yusuf Ali e Hanna, M.A. 'Alternetive Diesel Fuels from Vegetable Oils'll, Bioresource Technology, Vol. 50, 1994, página n.º 153-163.

[27] Knothe, G. 'Analytical Methods used in the Production And fuel Quality Assessment of Biodiesel'll, ASAE, Vol.44 (2), 2001, página n.º 193 -200.

[28] Klopfenstein,W.E. and Walker,H.S. 'Efficiencies of Various Esters of Fatty Acids as Diesel Fuels'll, JAOCS, Vol-60, No.8, 1983, Page No.1596-1598.

[29] Fangrui, Ma. e Milford, A. Hanna. 'Biodiesel production: a review, Bioresource Tecnologia", Vol. 70, 1999, página n.º 01-15.

[30] Hamasaki,K., Tajima,H., Takasaki,K., Satohira,K., Enomoto,M. e Egawa.H. 'Utilization of Waste Vegetable Oil Methyl Ester for Diesel Fuel'll, SAE 2001-01-2021, 2001, Page No.1499-1504.

[31] Yasufumi Yoshimoto e Hiroya Tamaki. 'Reduction of NOx and smoke Emissions in a Diesel Engine Fueled by Bio diesel Emulsion Combined with EGR'II, SAE-2001-01-0649, 2001, Page No: 467-47.

[32] Masjuki,H.H., e Sapuan,S.M. 'Palm Oil Methyl Esters as Lubricant Additive in a Small Diesel Engine'II, JAOCS, Vol.72, No.5, 1995, PageNo.609-612.

[33] Masjuki,H.H.,, Sii,H.S. and Abdulmuin,M.Z. 'Investigations on Perheated Palm Oil Methyle Esters in the Diesel Engine'll, IMech.E., Vol.210,1996, Page No.131-138.

[34] Duran,A., Monteagudo,J.M., Armas,O., Hernandez,J.J. 'Scrubbing effect on diesel particulate matter from transesterified waste oils blends'll, Fuel, Vol. 85, 2006, Page No.923- 928.

[35] Vara Prasad,C.M., Murali Krishna,M.V.S. e Prabhakar Reddy,C. ' Investigações sobre Biodiesel (Óleo de Jatropha Curcas Esterificado) em Motores Diesel'll. XV National Conference on IC Engines and Combustion,1997, , Page No. 159-163.

[36] Shazia Sultana,Aneela Khalid,Mushtaq Ahmad,Ahmad Abdullah Zuhairi,Lee Keat Teaong. Otimização da

transesterificação catalisada por bases de biodiesel de óleo de amendoim", African Journal of biotechnology 8(3) janeiro de 2010 com 99 leituras.

[37]Jacobus,S.M.,Geyer,M.J. 'Performance of alternative fuels in diesel engines', SAE Technical Paper 845078, 1984, doi:10.4271/845078.

[38]Swarup Kumar Nayak, Bhabani PrasannaPattanaik, 'Experimental investigation on performance and emission characteristics of a diesel engine fuelled with mahua biodiesel using additive Energy procedia54(2014)569-579.

[39]Saswat Rath, Sachin Kumar e R.K.Singh. "Performance & emission analysis of blends of karanja methyl esters with diesel in a compression ignition engine", International Journal of Ambient energy, volume 32,2011.

[40]Stewart,,Saroj K. Padhi e R.K.Singh . "Potencial fonte para a produção de biodiesel na Índia", J.Chem. Pharma. Res,2011,3(2) 39-49.

[41]Phillip D. Hill(2006) Darkstar ,St. Louis Rd.,Collinvillie,IL62234. "Instalação integrada de biocombustível neutra em termos de dióxido de carbono", Energy, Elsevier, vol. 35(12), páginas 4582-4586.

[42]Syed Khaleel Ahmed, Farrukh Nagi. "Palm biodiesel an alternative green renewable energy for the energy demand of the future", ICCBT 2008 - F - (07) - pp79-94.

[43]J. San Jose,J.Ganan,J.A.y Lopez Sastre,Awf Al-kassir. 'Analysis of biodiesel combustion in boiler with pressure operated mechanical pulverisation burner', Departamento de Engenharia Mecânica, Universidade de Espanha, maio de 2010.

[44]Afshin ghorbani, "Um estudo comparativo do desempenho da combustão e das emissões de misturas de biodiesel e numa caldeira experimental". Departamento de Engenharia Química, Escola de Engenharia Química e do Petróleo, Universidade de Shiraz, Irão, janeiro de 2011

[45]Bahamin Bazooyar , 'desempenho de combustão e emissão de petrodiesel e biodiesel com base em vários óleos vegetais em caldeira semi-industrial' Ahvaz faculdade de engenharia de petróleo, Petroleum university of technology, Ahvaz iran. março de 2011.

[46]T. Nguyen, L. Do e D. A. Sabatini, "Biodiesel Pro- duction via Peanut Oil Extraction Using Diesel-Based Re- verse-Micellar Mieroemulsions," *Fuel,* Vol. 89, No. 9, 2010, pp. 2285-2291.

[47]B. Moser, "Preparação de ésteres metílicos de ácidos gordos a partir de óleos de avelã, amendoim altamente oleico e noz e avaliação como biodiesel," Fuel, Vol. 92, No. 1, 2012, pp. 231-238

[48]C. Kaya, C. Hamamci, A. Baysal, O. Akba, S. Erdogan e A. Saydut, "Methyl Ester of Peanut (Arachis hypogea L.) Seed Oil as a Potential Feedstock for Biodiesel Production," Renewable Energy, Vol. 34, 2009, No. 5, pp. 1257-1260.

[49]M.G.Bannikov: "caraterísticas de combustão e emissão de biodiesel de mostarda". 6th Simpósio Internacional de Tecnologias Avançadas (IATS' 11), 16-18 de maio de 2011, Elazig, Turquia

[50]C.Soliamuthu, D. Senthil kumar "uma investigação experimental sobre o desempenho, a combustão e as caraterísticas de emissão do éster metílico do óleo de mahua num motor diesel de injeção direta a quatro tempos". HEMS paper.vol.20,fev 2013pp.42-50

[51]Lebendevas S , 'Change in operational characteristics of diesel engine running on RME biodiesel fuel Energy & Fuel 2007, 21, 3010-3016

[52]Ozkan M, "Comparative study of the effect of biodiesel and diesel fuel on a compression ignition engine's performance, emissions and its cycle by cycle variation Energy & Fuel, 2007, 21, 3627-3636

[53]Venkateswara Rao P. Performance, 'Analysis of C I Engine Fuelled with Diesel - Biodiesel (Methyl/Ethylesters) Blends of Non-edible oil', International Journal of Research - Granthaalayah, Vol. 4, No. 7 (2016): 20-26.

[54] Ghosh S., Dutta D., 'Performance And Exhaust Emission Analysis of Diret Injection Diesel Engine using Pongamia Oil', International Journal of Emerging Technology and Advanced Engineering, Vol. 2, Issue 12, December 2012

[55] Krishna A Gopala 'Análise do desempenho e das emissões no motor C.I com misturas de biodiesel de óleo de palma a diferentes pressões de injeção de combustível', Jornal Internacional de Investigação Inovadora em Ciência, Engenharia e Tecnologia Vol. 4, Edição 4, abril de 2015

[56] Dwivedi Gaurav, Jain Siddharth, Sharma M.P. 'Diesel engine performance and emission analysis using biodiesel from various oil sources - Review' J. Mater. Environ. Sci. 4 (4) (2013) 434-447

[57] R.D.Gorle e A.V. Kolhe Análise de desempenho de um motor CI usando biodiesel como combustível alternativo Golden Research Thoughts Vol. 2, Issue. 3, Sept 2012

[58] Kumar Rajesh, Titus Jesu Investigação experimental do desempenho e análise das emissões de um motor de ignição por compressão alimentado com éster metílico de óleo de algodão de seda e várias misturas de gasóleo J. Mech. Eng. & Rob. Res. 2014

[59] Mamilla Venkata Ramesh, Mallikarjun M. V., G. Rao Lakshmi Narayana 'Performance analysis of IC engines with bio-diesel jatropha methyl ester (JME) blends', Journal of Petroleum Technology and Alternatives Fuel Vol. 4(5), pp. 90-93, maio, 2013

[60] Patel Mihir J., Patel Tushar M., Rathod Gaurav R. 'Performance Analysis of C.I. Engine Using Diesel and Waste Cooking Oil Blend' IOSR Journal of Mechanical and Civil Engineering (IOSR-JMCE) Vol. 12, Issue 2 Ver. VI (Mar - Apr. 2015), PP 27-33

[61] D.Y.C. Leung, Y. Guo. 'Transesterificação de óleo de fritura puro e usado: otimização para a produção de biodiesel'. Tecnologia de Processamento de Combustível 2006;87:883-890.

[62] Lingfeng Cui, Guomin Xiao, Bo Xu e Guangyuan Teng. Transesterificação de óleo de semente de algodão em biodiesel utilizando catalisadores básicos sólidos heterogéneos". Energy & Fuels 2007;21:3740-3743.

[63] Sinha Shailendra, Agarwal Kumar Avinash, e Garg Sanjeev. 'Biodiesel development from rice bran oil: transesterification process optimization and fuel characterization' Energy Conversion and Management. 2008; 49):1248-1257

[64] guntola J ALAMU, Opeoluwa DEHINBO, Adedoyin M SULAIMA. 'Produção e teste de combustível biodiesel de óleo de coco e sua mistura', Leonardo Journal of Sciences 2010;16:95-104.

[65] Ying Tang, Gang Chen, Jie Zhang, Yong Lu. CaO altamente ativo para a transesterificação para a produção de biodiesel a partir de óleo de colza. Boletim da Sociedade Química da Etiópia 2011;25(1):37-42

[66] Giovanilton F. Silva, Fernando L. Camargo, Andrea L.O. Ferreira. Aplicação da metodologia de superfície de resposta para otimização da produção de biodiesel por transesterificação de óleo de soja com etanol. Tecnologia de Processamento de Combustíveis 2011;92:407-413.

[67] Eman N. Ali, Cadence Isis Tay. Caracterização do biodiesel produzido a partir de óleo de palma através de transesterificação catalisada por base. Procedia Engineering 2013;53:7-12.

[68] Praveen Re, Senthil kumar , 'Sunflower Based Biodiesel with Maximum Yield Production Using Response Surface Methodology - A Review', International Journal of Mechanical Engineering and Research, ISSN 0973-4562 Vol. 5

No.1

[69] Md. Abdul Wakil, Z.U. Ahmed, Md. Hasibur Rahman, Md. Arifuzzaman. Estudo das propriedades do combustível de vários óleos vegetais disponíveis no Bangladesh e da produção de biodiesel. Jornal Internacional de Engenharia Mecânica 2012;2(05):10-17.

[70] A.K. Tiwari, A. Kumar, H. Raheman. Produção de biodiesel a partir de Jatropha (Jatropha curcas) com elevado teor de ácidos gordos livres: um processo optimizado. Biomass and Bioenergy 2007;31:569-575.

Printed by Books on Demand GmbH, Norderstedt / Germany